自约束行人惯性导航

Pedestrian Inertial Navigation with Self-Contained Aiding

王宇生(Yusheng Wang)
[美]安德烈·M.什克尔(Andrei M. Shkel) 著

王秋滢 郭铮 译

国防工业出版社
·北京·

著作权合同登记　图字:01-2024-0701 号

图书在版编目(CIP)数据

自约束行人惯性导航/王宇生(Yusheng Wang),
(美)安德烈·M. 什克尔(Andrei M. Shkel)著;王秋滢,郭铮译. --北京:国防工业出版社,2024.8.
ISBN 978-7-118-13319-6

Ⅰ.TN96

中国国家版本馆 CIP 数据核字第 2024RA0836 号

Pedestrian Inertial Navigation with Self-Contained Aiding by Yusheng Wang and Andrei M. Shkel
ISBN:9781119699552/111969955X

Copyright © 2021 by John Wiley & Sons, Inc.

All Rights Reserved. Authorised translation from the English language edition published by John Wiley & Sons Limited.

Responsibility for the accuracy of the translation rests solely with National Defense Industry Press and is not the responsibility of John Wiley & Sons Limited.

No part of this book may be reproduced in any form without the written permission of the original copyright holder, John Wiley & Sons Limited.

本书简体中文版由 John Wiley & Sons, Inc. 授权国防工业出版社独家出版。
版权所有,侵权必究。

※

国防工业出版社出版发行
(北京市海淀区紫竹院南路 23 号　邮政编码 100048)
三河市天利华印刷装订有限公司印刷
新华书店经售

＊

开本 710×1000　1/16　插页 6　印张 9¼　字数 174 千字
2024 年 8 月第 1 版第 1 次印刷　印数 1—1500 册　定价 120.00 元

(本书如有印装错误,我社负责调换)

国防书店:(010)88540777　　书店传真:(010)88540776
发行业务:(010)88540717　　发行传真:(010)88540762

译者序

自约束行人惯性导航是一种利用人类运动特征实现高自主性精确定位和导航的技术。近年来，随着可穿戴设备、智慧城市等科研领域的快速发展，越来越多的人关注该技术的研究与应用。译者翻译本书的初衷是帮助读者了解自约束行人惯性导航技术的发展历程和现状，以及这一领域的发展趋势。本书涵盖了自约束行人惯性导航领域重要且丰富的研究成果，可为相关领域学者和工程师提供指导性思路，对学术研究和工业应用具有很大参考价值。

可将本书划分为以下四个部分：

第一部分(第1章)介绍了导航基础知识、主要导航技术和导航辅助技术，着重讲解了惯性导航原理及其在行人导航中的应用。

第二部分(第2~4章)论述了惯性传感器的硬件组成和工作原理，介绍了捷联式惯性导航系统的机械编排，分析了传感器测量误差与导航误差之间的关系。

第三部分(第5~8章)讨论了行人惯性导航自约束技术——零速校正，详细分析了惯性传感器噪声对导航误差的影响，重点讨论了零速校正的改进方式，以及自适应零速校正辅助的行人惯性导航方法，旨在保证导航算法在不同应用场景中的适用性。

第四部分(第9章、第10章)介绍了可用于行人惯性导航的多传感器信息融合方法，并展望了终极导航芯片技术。

原著中发现的错误已在翻译过程中纠正。由于译者水平有限，难免有其他疏漏之处，请读者批评、指正。

译者

2023年7月

原著作者简介

Yusheng Wang,博士,于 2014 年获得清华大学工程力学荣誉学士学位,于 2020 年获得加利福尼亚大学欧文分校机械和航空航天工程专业博士学位。他的研究领域包括硅基和熔融石英基的 MEMS 谐振器和陀螺仪,以及基于传感器融合的行人惯性导航技术。目前,他在 SiTime 公司担任 MEMS 开发工程师。

Andrei M. Shkel,博士,自 2000 年以来在加利福尼亚大学欧文分校任教。曾任美国国防部高级研究计划局微系统技术办公室项目经理。他的研究成果包括 300 多个出版物、42 项专利和 3 本专著。Andrei M. Shkel 博士曾在多个委员会任职,包括担任 IEEE/ASME JMEMS, Journal of Gyroscopy and Navigation 主编以及 IEEE Inertial Sensors 期刊的创始主席。曾获得 2013 年国防部长办公室杰出公共服务奖、2009 年 IEEE 传感器委员会技术成就奖。同时,他还是 IEEE 传感器委员会主席和 IEEE 会士。

目 录

第1章 概述

1.1 导航技术 ·· 001
1.2 惯性导航 ·· 002
1.3 行人惯性导航 ·· 004
    1.3.1 基本方法 ··· 005
    1.3.2 惯性测量单元安装位置 ··· 006
    1.3.3 总结 ·· 007
1.4 惯性导航辅助技术 ··· 007
    1.4.1 非全自主辅助技术 ·· 007
    1.4.2 全自主辅助技术 ··· 009
1.5 本书纲要 ·· 010
参考文献 ··· 011

第2章 惯性传感器和惯性测量单元

2.1 加速度计 ·· 014
    2.1.1 静态加速度计 ·· 014
    2.1.2 谐振加速度计 ·· 016
2.2 陀螺仪 ··· 017
    2.2.1 机械陀螺仪 ··· 017
    2.2.2 光学陀螺仪 ··· 018
    2.2.3 核磁共振陀螺仪 ··· 019
    2.2.4 微机电系统振动陀螺仪 ··· 020
2.3 惯性测量单元 ·· 023
    2.3.1 多传感器组装方式 ·· 023
    2.3.2 单芯片集成方式 ··· 024
    2.3.3 设备折叠方式 ·· 025
    2.3.4 芯片堆叠方式 ·· 026

2.4　总结 ………………………………………………………………… 026

参考文献 ………………………………………………………………… 026

第 3 章　捷联式惯性导航系统的机械编排

3.1　参考坐标系 …………………………………………………………… 030

3.2　惯性坐标系下导航系统的机械编排 ………………………………… 031

3.3　导航坐标系下导航系统的机械编排 ………………………………… 033

3.4　初始化 ………………………………………………………………… 034

  3.4.1　水平倾角测量 ………………………………………………… 034

  3.4.2　陀螺罗经对准 ………………………………………………… 035

  3.4.3　磁力计方位角测量 …………………………………………… 036

3.5　总结 …………………………………………………………………… 037

参考文献 ………………………………………………………………… 037

第 4 章　捷联式惯性导航的导航误差分析

4.1　误差源分析 …………………………………………………………… 039

  4.1.1　惯性传感器误差 ……………………………………………… 039

  4.1.2　安装误差 ……………………………………………………… 042

  4.1.3　惯性测量单元等级定义 ……………………………………… 044

4.2　惯性测量单元误差抑制 ……………………………………………… 047

  4.2.1　六位置标定 …………………………………………………… 047

  4.2.2　多位置标校 …………………………………………………… 047

4.3　误差累积分析 ………………………………………………………… 048

  4.3.1　二维导航误差传播 …………………………………………… 048

  4.3.2　导航坐标系下的误差传播 …………………………………… 051

4.4　总结 …………………………………………………………………… 052

参考文献 ………………………………………………………………… 053

第 5 章　零速校正辅助行人惯性导航技术

5.1　零速校正概述 ………………………………………………………… 056

5.2　零速校正算法 ………………………………………………………… 058

  5.2.1　扩展卡尔曼滤波 ……………………………………………… 058

  5.2.2　扩展卡尔曼滤波在行人惯性导航中的应用 ………………… 059

5.2.3 零速校正实现过程……059
5.3 参数设定……062
5.4 总结……064
参考文献……064

第6章 零速校正辅助行人惯性导航误差分析

6.1 人类步态生物力学模型……066
    6.1.1 躯干坐标系下的脚部运动……067
    6.1.2 导航坐标系下的脚部运动……067
    6.1.3 轨迹的参数描述……068
6.2 导航误差分析……069
    6.2.1 起始点……070
    6.2.2 摆动阶段协方差增大过程……071
    6.2.3 站立阶段的协方差下降趋势……073
    6.2.4 协方差估算能力……073
    6.2.5 观察结果……077
6.3 分析结果的有效性……078
    6.3.1 数据验证……078
    6.3.2 试验验证……081
6.4 零速校正辅助技术的缺陷……083
6.5 总结……084
参考文献……084

第7章 零速校正辅助行人惯性导航的导航误差抑制技术

7.1 惯性测量单元安装位置选择……086
    7.1.1 数据采集……087
    7.1.2 数据平均……088
    7.1.3 数据处理总结……089
    7.1.4 试验证明……091
7.2 速度残差标校……092
7.3 陀螺仪 g 敏感误差标校……095
7.4 导航误差补偿结果……098
7.5 总结……099
参考文献……100

第8章 自适应零速校正辅助行人惯性导航

- 8.1 地面类型检测 ·· 101
  - 8.1.1 算法概述 ·· 101
  - 8.1.2 算法应用 ·· 102
  - 8.1.3 导航结果 ·· 107
  - 8.1.4 小结 ·· 108
- 8.2 自适应站立阶段检测器 ·· 108
  - 8.2.1 零速检测器 ·· 109
  - 8.2.2 自适应阈值设定 ·· 109
  - 8.2.3 试验验证 ·· 113
  - 8.2.4 小结 ·· 115
- 8.3 总结 ·· 115
- 参考文献 ··· 116

第9章 传感器融合方法

- 9.1 磁力测量法 ·· 118
- 9.2 测高法 ·· 119
- 9.3 计算机视觉 ·· 119
- 9.4 多惯性测量单元方法 ··· 121
- 9.5 测距技术 ·· 122
  - 9.5.1 测距技术介绍 ·· 122
  - 9.5.2 超声波测距 ·· 124
  - 9.5.3 超宽带测距 ·· 128
- 9.6 总结 ·· 129
- 参考文献 ··· 129

第10章 行人惯性导航系统展望

- 10.1 硬件开发 ··· 132
- 10.2 软件开发 ··· 134
- 10.3 总结 ··· 134
- 参考文献 ··· 134

第1章

概 述

1.1 导航技术

　　导航是规划、记录和控制飞行器或车辆从一个地方运动到另一个地方的过程[1]。它是一门古老的、复杂的科学技术。由于应用场景不同,相应的导航方法也不同,如陆地导航、海洋导航、航空导航和太空导航。

　　路标导航是众多导航方法中的一种。一般情况下,路标可以是参考坐标系下任何已知坐标的标志。例如,地球表面的任何位置都可以用经度和纬度描述。其中,经度和纬度由地球赤道和格林尼治子午线定义。路标也可以是野外的山川和河流,还可以是城市地区的街道和建筑物。海上导航时,灯塔或天体也可以作为路标。此外,许多现代技术手段(如雷达、卫星和手机信号塔)都可以作为路标使用。通过直接测量与地标的距离和/或方位角就可以计算得到导航员的位置。例如,天文导航是一种成熟的海上导航技术。该技术中,若要获得导航员所在位置,首先测量某个天体(如太阳、月亮或北极星)与地平线之间的"视距"或角距离,再利用该测量时刻的地球自转信息、测量时间信息与测量结果,就可以计算出导航员所在位置的经度和纬度[2]。利用卫星导航时,一个卫星星座是由许多具有时钟同步、位置已知的卫星组成,并且工作过程中各卫星需要连续不间断地发射无线电信号。导航过程中,导航接收机通过比较其发射信号与接收信号的时间差来测量自身与卫星之间距离。其中,接收机至少接收到4颗卫星信号,才可以完成时间和位置计算[3]。这种利用已知位置路标来确定观测位置的导航方法,称为固定位置定位。该定位方法的精度取决于测量精度和"地图"精度(已知路标信息)。因此,只要观测路标可用,随着导航时间的增加,导航精度就会维持在一个恒定水平。

　　上述定位方法的基本思想很简单,但缺点也是显而易见的。路标并不是一直可被观测的,而且易受干扰信号或其他干扰的影响。例如,在大雾或者多云的天气里,天体测量无法完成;无线电信号易受到衍射、折射与非视距(non-light-of-sight,NLOS)传输的影响;卫星信号易受干扰和欺骗的影响。除此之外,"地图"已知是定位导航的必要条件,这导致该导航方式在完全未知环境下定位是不可行的。

航位推算是另一种常用导航方式,其命名方式可以追溯到17世纪,当时水手根据速度与航向计算在海上的具体位置。如今,航位推算的计算过程是指,在已知系统初始状态的情况下,通过实时测量载体速度和姿态来计算当前导航信息(速度、位置和姿态角)[4]。首先,航向信息分解到三维正交坐标系;其次,将分解到三维坐标系下的速度与每次速度采样经过的时间相乘得到位置变化量;最后,将位置变化量与初始位置相加得到当前时刻位置。航位推算方法最大的优点是位置信息计算过程中不需要路标观测信息。因此,该方法不易受到环境干扰的影响,但是会受到累积误差的影响。例如,在车载导航过程中,里程表通过计算车轮的转动圈数来计算车辆行驶距离。但是,车轮打滑或爆胎会带来计算距离与真实行驶距离间的差值,即测量误差,并且该误差在不提供额外辅助信息的情况下会累积,最终导致导航误差随导航时间的变长而变大。

惯性导航是一种常用的航位推算方法,通过惯性传感器(加速度计和陀螺仪)来实现惯性坐标系下的导航。惯性导航的主要优点是该方法以牛顿运动定律为基础,并且不在系统中添加任何额外假设。因此,惯性导航不受干扰和欺骗的影响,几乎在所有的导航场景中都有所应用[5]。

1.2 惯性导航

惯性导航主要采用加速度计和陀螺仪测量的加速度及角速度信息来计算导航结果。对于典型的惯性测量单元(inertial measurement unit,IMU),三轴陀螺仪和加速度计分别安装在3个相互正交的坐标轴上,用来测量沿3个垂直方向的加速度和角速度分量。其中,三轴陀螺仪的引入是为了跟踪被测系统相对惯性坐标系的方向。由于陀螺仪测量沿3个正交坐标轴的角速度,系统的姿态角就可以通过陀螺仪测量角速度积分后提取得到;加速度计测量值称为比力,由重力矢量和加速度矢量两部分组成。根据广义相对论中的等效原则可知,惯性力和引力是等效的,并且加速度计测量时无法分离。因此,需要用陀螺仪获得的姿态信息来估算重力矢量。有了姿态信息,就可以从加速度计测量比力中剔除重力矢量来获得加速度矢量,再将加速度矢量从载体坐标系转到惯性坐标系后积分获得速度。系统的位置变化量可以通过对加速度进行两次连续积分得到。

惯性传感器概念最早是由博恩伯格(Bohnenberger)在19世纪提出的[6]。1856年,著名的傅科摆试验中产生了输出结果与角度变化成正比的现象,由此第一次证明了速率积分陀螺仪的正确性[7],也因此替代了多数商业陀螺仪的角速率输出模式。然而,直到20世纪30年代,惯性导航系统才首次出现在V2火箭上。惯性导航系统的广泛应用则始于20世纪60年代末[8]。在惯性导航系统的早期应用中,惯性传感器被固定在一个稳定平台上,该平台由一组可三维旋转的万向节支撑(图1.1)。陀螺仪读数反馈到扭矩电机并带动平衡环转动,这样,任何外部旋转运动都可以被抵消,并且平台的姿态保持不变。对于需要高精度导航且不考虑系统重量和体积成本的情况(如潜艇),这种实现方式仍在使用。然而,由于平台式系统复杂的机械和电器结构,系统体积庞大且价格昂贵。20世纪70年代末,捷联式系统诞生了,该系统中惯性传感器被刚性固定或"捆绑"在被测系统上。在这种结构中,平台的机械复杂性大大降低,随之付出的代价是导航算法复杂性提高,陀螺仪测量的动态范围也要求更大。近年来,随着微处理器与传感器的快速发展,使这种设计成为现实。捷联式系统具有体积小、重量轻、可靠性高的特点进一步扩大了惯性导航系统的应用范围。图1.2所示为平台式惯性导航系统和捷联式惯性导航系统算法实现原理比较。

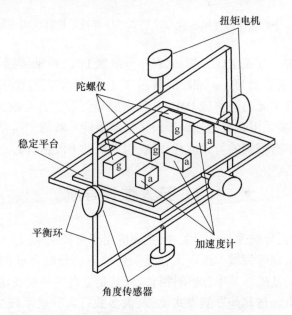

图1.1 平台式系统示意图(资料来源:Woodman[5])

惯性导航作为一种航位推算导航方式,同样存在误差累积的问题。在惯性导航算法中,不仅加速度和角速度被积分,所有的测量噪声也被积分并累积。因此,不同于"路标"固定位置定位方式,惯性导航精度会随着导航时间的增加而变差。这里提到的噪声源包括单个惯性传感器的制造缺陷、整套IMU装配误差、电子噪声、与环境有关的误差(温度、冲击和振动等)及数值计算误差等。因此,为实现长时间导航,惯性导航对系统误差水平提出了具有挑战性的要求。这也是惯性导航系统的开发比惯性传感器晚了近100年的部分原因。事实证明,如果没有误差抑制算法,惯性导航系统的位置误差就会无限制累积增大,其增大

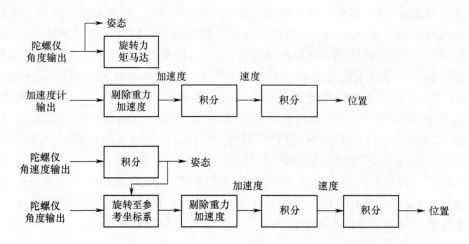

图1.2 平台式惯性导航系统和捷联式惯性导航系统算法实现原理比较

速度约与时间的立方成正比。例如,对于导航级 IMU,单轴传感器成本约为几十万美元,其导航误差约为 1n mile/h,等价于 1min 导航误差优于 0.01m。然而,对于成本只有几美元的消费级 IMU,几秒内的导航误差就会超过 1m[9]。因此,导航过程中,需要采用必要的辅助手段来抑制惯性导航累积误差,特别是对于系统成本和尺寸都有限制的行人惯性导航,引入辅助手段更有必要。

1.3 行人惯性导航

近年来,行人导航受到广泛关注,主要应用于路径搜索、行人安全、健康检测和急救系统定位器等领域。由于人在复杂环境下的导航需求,全自主导航技术成为行人导航的基础。其中,纯惯性行人导航是全自主导航技术中的一种,成为近年来研究热点。与其他导航方式类似,大多数行人导航系统主要是依赖惯性传感器和惯性导航算法。然而,由于人类携带传感器能力的限制,行人导航对惯性传感器的尺寸和重量提出了更严格的要求,并且直到最近才证实只依靠惯性传感器的行人导航技术是不可行的。

得益于过去 20 年来微机电系统(micro-electro-mechanical systems,MEMS)技术的发展,基于 MEMS 的 IMU 尺寸变得更小、性能更优、精度更高。因此,行人惯性导航系统逐渐成为可能[10]。基于 MEMS 的 IMU 尺寸只有几毫米,可以安装在各类便携设备中,也可以安装在可放在口袋的小型设备中,如手机、智能手表等。因此,这类 IMU 已经在市场上广泛销售使用。图 1.3 所示为 1960 年为阿波罗任务而开发的 IMU 与目前基于 MEMS 的商业型 IMU 的比较。图中不仅能看出惯性传感器在尺寸方面的进步,两个系统的性能也截然不同。值得注意的是,阿波罗任务采用的是平台式惯性导航系统,而不是目前已被广泛使用的捷联式惯性导航系统。并且阿波罗任务采用的 IMU 体积为 1100 英寸^3(1.8×10^7mm^3),质量为 42.5 磅(1 磅=0.545kg)[11]。而图中展示的 MEMS IMU 体积为 8.55mm^3,质量为几十毫克。可见,在过去的 50 年里,IMU 的体积和质量都减少了 6 个数量级,但要达到相匹配的性能仍然需要长时间的研究。IMU 在小型化方面取得十足的进步,使行人惯性定位的实现成为可能。并且随着尺寸的进一步缩小,惯性传感器的性能也在不断提高。那么,在这些新兴应用领域中使用这一类小型传感器时,就会给导航带来新的难题与挑战,为了解决这些难题,众多学者研究了新算法与方法。下文主要对这些新算法方面加以阐述。

图 1.3　(a)1960 年为阿波罗任务而开发的 IMU(资料来源:https://en.wikipedia.org/wiki/Inertial_measurement_unit)与(b)商业型 MEMS IMU(资料来源:https://www.bosch-sensortec.com/products/smart-sensors/bhi160b/)的比较

1.3.1　基本方法

　　行人惯性导航主要有两种方法。一种是在 1.2 节中介绍的捷联式惯性导航,通过对 IMU 读数积分得到位置和方位信息。这种方法普遍适用,但积分过程会带来算法复杂度与计算量的提高,还会由于陀螺偏差使导航误差随着时间的立方累积增长。为了抑制这种误差传播,最常用的方式就是当足部速度接近 0(足部在地面静止)时采用零速校正(zero-velocity update,ZUPT)方法[12]。静止状态可以用来限制长时间的速度和角速度漂移,从而大大减少导航误差。在应用过程中,IMU 通过固定安装在脚上同时完成导航和站立步态检测,一旦站立步态被检测到,足部的零速信息就会作为一种伪观测量被反馈到扩展卡尔曼滤波(extended Kalman filter,EKF)中补偿 IMU 偏差,从而缩小系统导航误差的增长。在这种结构中,不仅导航误差,IMU 误差也可以由 EKF 估算。但这种方法的限制条件是 IMU 需被安装在脚上。

　　为了避免行人惯性定位的积分过程,减少对 IMU 安装位置的要求,可采用步长方位系统(step-and-heading system,SHS)来替代。该方法包括3部分：步伐检测、步长估算和步伐方位角估算[13]。与第一种方法不同,这种方法只能应用于行人惯性导航。该方法中,首先,利用IMU读数获取行人足部运动特征来估算每个步伐的步长,基于生物模型和统计回归方法是步长估算的常用方法。常用的步态特征检测参数包括步态频率、角速率和垂向加速度幅值、角速率方差。其次,利用通常安装在头部的陀螺仪读数估算方位角,这步也可以由磁力计辅助提高方位角估算精度。最后,结合行动距离和方位角可以估算出总位移。然而,该方法主要面临两个难题和挑战。第一,行人注视的方向必须与行走的方向一致,这意味着受试者需要时刻面向行进方向,实际应用中难以实现。第二,步长估计仍然是困难的。通常当中值小于2%时,估计步长的均值可能是准确的。但是估计精度相对很低,均方根误差约为5%[14]。随着手持设备和健身设备的广泛使用,该方法是现阶段热门研究领域之一。

1.3.2 惯性测量单元安装位置

在行人惯性导航中,根据预选方案与应用限制,将IMU安装在身体的不同部位,这样便于利用身体各部位运动特征与优势,如头部、盆骨、手腕、大腿和足部。盆骨和背部下方是早期文献中探讨的IMU安装位置,因为这些位置在行走过程中几乎没有方向变化,这样可以大大简化捷联式惯性导航和SHS系统的建模过程[15]。随后,部分文献对大腿和小腿部位安装IMU进行了研究探讨,这是因为大腿和小腿运动与生物力学模型的步长直接相关,并且IMU可以直接测量腿部的运动[16-17]。最近,为了将行人惯性导航与智能手机和可穿戴设备(如智能手表和智能眼镜)结合起来,口袋、手腕(或手持)和头部正在成为IMU安装位置的新关注点[18-20]。足部安装IMU也可应用于SHS,但这种传感器安装方式主要采用ZUPT辅助的行人惯性导航,而不是SHS。

头戴式IMU通常用于方位角估算,这是因为该安装位置IMU受到的冲击最小,且几乎没有方向变化。此外,对于急救人员和军事应用来说,将IMU安装在头盔上是很方便的[21]。然而,行人行走过程中头部的角速度和加速度幅值很低,这会增加步长检测的难度。此外,导航过程中的注视方向可能与行走方向不一致。因此,与IMU安装在腿部相比,盆骨安装IMU更能够利用单套设备完成双腿步长估算;与头戴式IMU相比,盆骨安装IMU也更容易对准行走方向。口袋式IMU和手持IMU主要是为与智能手机一同使用的行人惯性定位开发的。在这种方法中,IMU并不是固定在身体的某个部位,而是当手部摇摆和智能手机放在口袋中的方式不同时,传感器的姿态角会在导航过程中发生变化,这也导致SHS算法比其他IMU安装方式更复杂。行走过程中,由于脚跟的冲击,足部安装IMU会敏感到最高的冲击和振动[22]。因此,需要对IMU的性能提出更严格的要求,如高抗冲击能力、高带宽和采样率,低g敏感度和低振动引起的噪声[23]。然而,对于足部安装IMU,ZUPT行人惯性导航可利用站立阶段足部近乎静止的特点,大大减小导航误差。

1.3.3 总结

相比SHS,ZUPT捷联式惯性导航更广泛应用在高精度行人惯性导航方法中。包括以下几方面原因。

(1) 与SHS相比,ZUPT捷联式惯性导航的导航精度更高。例如,对于行走距离为20km的导航中,ZUPT捷联式惯性导航的位置误差约为10m量级,对应的导航误差小于总距离的0.1%[24]。而SHS的导航误差通常为步行总距离的1%~2%。

(2) 与SHS相比,ZUPT捷联式惯性导航更具有通用性,因为只需要行人站立阶段足部速度为0这一个假设条件。它可以应用于许多行人运动的情况,如步行、跑步、跳跃,甚至爬行。对于SHS,它必须对不同的运动模式进行分类,分类过程中系统需要训练上述模型,并且将对应参数装订在不同模型中。

(3) SHS通常由用户指定具体使用方式,并且需要根据不同的应用对象进行标校或训练。而ZUPT捷联式惯性导航原则上不需要为不同的用户执行特殊的标校环节。

(4) 虽然对于ZUPT捷联式惯性导航,足部安装IMU会敏感到高强度冲击和振动,但现阶段的MEMS技术已经可以避免这种影响。例如,已经通过试验证实,陀螺仪的最大测量范围能够达到800(°)/s、带宽为250Hz,该性能能够捕获大部分运动特征且不引起大的误差[25]。

本书将重点关注基于ZUPT捷联式惯性导航的行人导航。

1.4 惯性导航辅助技术

为了提高导航精度,我们研究了许多辅助导航与惯性导航融合技术,大致可分为非全自主辅助技术(依托外信号)和全自主辅助技术。我们首先讨论非全自主辅助技术。

1.4.1 非全自主辅助技术

根据外信号的特性,非全自主辅助技术可分为两类:一种是以自然存在的外部信号为辅助信号,即基于自然信号的辅助技术,如地球磁场和大气压力,它们不需要额外的基础设施。但是由于信号的来源不受控制,信号可能会受到干扰。另一种是以需要基础设施的人工信号为辅助信号,即基于人工信号的辅助信号,其优点是信号可以设计成有利于导航过程的信号。

1.4.1.1 基于自然信号的辅助技术

磁力测量和气压测量是用于提高导航精度的两种常用技术,磁力测量是导航应用中传统的辅助技术之一,其主要思想是通过测量地球磁场强度获取系统的姿态信息。目前,在低地球轨道航天器(高度小于1000km)的导航中,不仅可以通过测量地球磁场的异常来获得系统姿态,还可以获得系统的位置信息,并且航天器的位置分辨率可以达到1km;气压计主要是通过测量大气压力来估算系统的高度。研究表明,在海平面以上的低海拔区域,大气压力会随着高度的增长呈近似线性下降,下降速率约为12Pa/m。目前商用的微型气压计能够达到1Pa的压力测量分辨率,即优于0.1m的高度测量精度[26]。

计算机视觉技术是获取系统绝对位置的另一种方式,该方式通过捕捉环境图像来提取绝对位置信息。目前,同步定位与地图构建技术(simultaneous localization and mapping,SLAM)是计算机视觉导航最流行的实现方式之一。SLAM不需要预先获取环境数据库,环境地图构建与定位是系统工作过程中同步进行的。此外,用于SLAM的传感器不一定是照相机,也可以是激光雷达(light detection and ranging,LIDAR)和超声波测距。无论采用哪种传感器,系统都是利用周围环境信息作为辅助方式来提高导航精度的。

1.4.1.2 基于人工信号的辅助技术

无线电导航是辅助技术中最常用的一种。它起源于20世纪初,直到第二次世界大战得到广泛应用。无线电导航精度优于50m,被美国认定为全球定位系统(global positioning system,GPS)的后备系统。另一类最常见的辅助技术就是全球导航卫星系统(global navigation satellite system,GNSS)。该系统中,卫星群被用作太空中的"地标",为导航传输无线电波。目前,民用GNSS水平导航精度约为5m,垂直导航精度约为7.5m。LTE信号也被证明可应用于导航信号。基于LTE信号的导航原理类似于GNSS,只是地标变为LTE信号塔而不是卫星。与GNSS相比,LTE不需要建立和维护专用的信号塔,因此,成本低是LTE导航最大的优势之一。目前,已有报告称LTE的水平导航精度优于10m。

在短基线导航辅助技术方面,超宽带(ultra-wide band,UWB)无线电、Wi-Fi、蓝牙和射频识别(radio-frequency identification,RFID)都已被探索。由于上述技术的信号传播范围小,通常被用于室内导航;与基于无线电的导航方式不同,无线电信号频率固定,而UWB占用带宽较大(>500MHz),从而提高了数据传输能力、距离估算精度和材料穿透性;Wi-Fi和蓝牙是智能手机的常用定位方式。因此,利用它们作为室内导航的辅助技术不需要任何额外基础设施;RFID由于具有成本低的特点也被提出作为导航的辅助手段。最近,有学者提出5G和毫米波通信基础设施也可以作为潜在的导航信号使用[27]。对于上述所有辅助导航技术,有两种可以实现定位的方法:接收信号强度(received signal strength,RSS)和指纹识别。基于 RSS 定位算法利用了接收信号强度会随着信号源和接收机之间距离增加而下降的原理。因此,接收信号的强度可以作为测距信号的一个有效参数。指纹定位算法是通过比较测量 RSS 结果与 RSS 数值参考地图来获取定位信息的。表 1.1 总结了基于人工信号的非自主辅助技术的特点。

表 1.1 非自主辅助技术总结

辅助技术	应用场景	定位精度/m	备注
GPS	地球表面以上	5	信号可大范围覆盖,地球表面以下和复杂城市区域无法使用;易受干扰欺骗信号的影响
LTE/5G	大部分城市地区	10	不依赖额外基础设施,但需要移动电话信号覆盖区域
雷达	空中	50	价格低,对不同天气的适应性强,有效范围广,信号可穿透绝缘体,但易受导电材料的阻挡
UWB	室内为主	0.01	短距离内测量精度高、硬件简单、功耗低、易受干扰
激光雷达	空中	0.1	位置速度测量精度高,易受强烈阳光、云和雨等天气影响
Wi-Fi	室内	1	需要 Wi-Fi 路由器先验信息,以及算法补偿信号强度的波动
蓝牙	室内	0.5	以较低功率硬件实现中等测量精度,测量距离短(<10m)
RFID	室内	2	易于部署,测量范围很小

1.4.2 全自主辅助技术

全自主辅助技术是另一种辅助方式。不同于将外部信号融入系统中,全自主辅助技术是利用系统的运动模式来补偿导航误差。因此,在不同的导航应用中,由于运动的动态特性不同,自主辅助方式也不同。

例如,在地面车辆导航中,可以假定车轮的滚动是不打滑的。因此,IMU 可以安装在车辆的车轮上,通过车轮转动的特点完成导航。在这种安装结构中,车辆的速度可以通过将车轮的旋转速度乘以轮胎的周长来测量[28]。此外,IMU 的旋转运动为系统提供了更充足的 IMU 误差可观测性,特别是方位轴陀螺的测量误差,该误差项在大多数导航场景中是不可观测的[29]。另外,针对 IMU 这种特定运动方式对导航算法进行改进,也可减少低频噪声和漂移对系统的影响[30]。

另一种方式是利用人类步态的生物力学模型,而不仅仅是行走过程的足部运动模型。这种方式通常需要在人体的不同部位安装多个 IMU,结合生物力学模型推导出的一些已知关系,进而将记录的不同部位的运动联系起来。这种方法中,可以通过对人类活动类型分类和步态重建等方式,获得更精确的步态描述信息。其中,步态模式的识别可以有效减小单 IMU 导航误差。

机器学习(machine learning, ML)也可以被应用在行人惯性导航中。ML 已经在人类行为识别(human activity recognition, HAR)[31]、步长估计[32]和站立相位检测[33]等领域有所研究。然而,很少有研究直接将 ML 应用于行人导航问题中。常用的技术包括决策树(decision trees, DT)[34]、人工神经网络(artificial neural network, ANN)[35]、卷积神经网络(convolutional neural network, CNN)[36]、支持向量机(support vector machine, SVM)[37]、长短期记忆(long short-term memory, LSTM)[38]等。

多传感器融合也可以被应用到全自主技术中,即将多个全自主传感器融合到一个系统中,并将其测量结果进行数据融合获得导航结果。全自主测距技术就是其中一种。在这项技术中,发射器发射一个信号(可以是超声波或电磁波),并被接收器接收。如果发射器和接收器的状态都需要被估算,该技术称为全自主技术。例如,在双脚测距中,发射器和接收器被安装在一个人的两只脚上,用来实时测量两脚之间的距离[24]。在协同定位中,测距技术用来测量一个组网中两个节点之间的距离,再用该测距提高各节点的导航精度与整体导航精度[39]。

1.5 本书纲要

本书的主题是行人惯性导航与其相关的自主辅助技术。第 2 章首先介绍惯性导航的基础知识——惯性传感器,包括基本工作原理、技术背景和技术发展现状。第 3 章主要介绍捷联式惯性导航的基本算法与实现方式,是书中后续章节分析的基础。第 4 章主要证明导航过程中导航误差是如何累积增大的,其目的是指出行人惯性导航中引入辅助技术的重要性。第 5 章介绍了行人惯性导航中最常用的辅助方法——ZUPT。第 6 章重点分析了基于 ZUPT 的行人惯性导航中导航误差传播规律,即 IMU 误差与导航误差之间的数据关系。第 7 章阐述了 ZUPT 辅助行人惯性的一些局限性,并提出和证明了能够减小 ZUPT 带来误差的方法。第 8 章讨论了提高行人惯性导航算法适用性的方法,包括 ML 和多模型(multiple model, MM)等。第 9 章介绍了其他常用的自主辅助技术,如磁力测量、气压测量、计算机视觉和测距技术等,本章涵盖了不同的测距类型、机制和实现方式。最后,第 10 章从技术角度对自主行人惯性导航进行了总结,并展望终极导航芯片(ultimate navigation chip, uNavChip)的未来。

第 1 章 概 述

参 考 文 献

[1] Bowditch, N. (2002). *The American Practical Navigator*, Bicentennial Edition. Bethesda, MD: National Imagery and Mapping Agency.

[2] Sobel, D. (2005). *Longitude: The True Story of a Lone Genius Who Solved the Greatest Scientific Problem of His Time*. Macmillan.

[3] Hofmann-Wellenhof, B., Lichtenegger, H., and Wasle, E. (2007). *GNSS-Global Navigation Satellite Systems: GPS, GLONASS, Galileo, and More*. Springer Science & Business Media.

[4] Titterton, D. and Weston, J. (2004). *Strapdown Inertial Navigation Technology*, 2e, vol. 207. AIAA.

[5] Woodman, O. J. (2007). An Introduction to Inertial Navigation. No. UCAM-CLTR-696. University of Cambridge Computer Laboratory.

[6] Wagner, J. and Trierenberg, A. (2010). The machine of Bohnenberger: bicentennial of the gyro with cardanic suspension. *Proceedings in Applied Mathematics and Mechanics* 10(1): 659-660.

[7] Prikhodko, I. P., Zotov, S. A., Trusov, A. A., and Shkel, A. M. (2012). Foucault pendulum on a chip: rate integrating silicon MEMS gyroscope. *Sensors and Actuators A: Physical* 177: 67-78.

[8] Tazartes, D. (2014). An historical perspective on inertial navigation systems. *IEEE International Symposium on Inertial Sensors and Systems (ISISS)*, Laguna Beach, CA, USA (25-26 February 2014).

[9] Ma, M., Song, Q., Li, Y., and Zhou, Z. (2017). A zero velocity intervals detection algorithm based on sensor fusion for indoor pedestrian navigation. *IEEE Information Technology, Networking, Electronic and Automation Control Conference (ITNEC)*, Chengdu, China (15-17 December 2017).

[10] Perlmutter, M. and Robin, L. (2012). High-performance, low cost inertial MEMS: a market in motion!. *IEEE/ION Position, Location and Navigation Symposium*, Myrtle Beach, SC, USA (23-26 April 2012).

[11] Jopling, P. F. and Stameris, W. A. (1970). Apollo guidance, navigation and control-design survey of the Apollo inertial subsystem.

[12] Foxlin, E. (2005). Pedestrian tracking with shoe-mounted inertial sensors. *IEEE Computer Graphics and Applications* 25(6): 38-46.

[13] Harle, R. (2013). A survey of indoor inertial positioning systems for pedestrians. *IEEE Communications Surveys & Tutorials* 15(3): 1281-1293.

[14] Díez, L. E., Bahillo, A., Otegui, J., and Otim, T. (2018). Step length estimation methods based on inertial sensors: a review. *IEEE Sensors Journal* 18(17): 6908-6926.

[15] Köse, A., Cereatti, A., and Della Croce, U. (2012). Bilateral step length estimation using a single inertial measurement unit attached to the pelvis. *Journal of Neuroengineering and Rehabilitation* 9(1): 1-10.

[16] Miyazaki, S. (1997). Long-term unrestrained measurement of stride length and walking velocity utilizing a piezoelectric gyroscope. *IEEE Transactions on Biomedical Engineering* 44(8): 753-759.

[17] Bishop, E. and Li, Q. (2010). Walking speed estimation using shank-mounted accelerometers. *IEEE International Conference on Robotics and Automation*, Anchorage, AK, USA (3-7 May 2010).

[18] Omr, M. (2015). Portable navigation utilizing sensor technologies in wearable and portable devices. PhD dissertation. Department of Electrical and Computer Engineering, Queens University.

[19] Renaudin, V., Susi, M., and Lachapelle, G. (2012). Step length estimation using handheld inertial sensors. *Sensors* 12(7): 8507-8525.

[20] Munoz Diaz, E. (2015). Inertial pocket navigation system: unaided 3D positioning. *Sensors* 15(4): 9156-

9178.

[21] Beauregard, S. (2006). A helmet-mounted pedestrian dead reckoning system. *VDE International Forum on Applied Wearable Computing*, Bremen, Germany (15-16 March 2006).

[22] Park, J.-G., Patel, A., Curtis, D. et al. (2012). Online pose classification and walking speed estimation using handheld devices. *ACM Conference on Ubiquitous Computing*, New York City, NY, USA (September 2012).

[23] Wang, Y., Jao, C.-S., and Shkel, A. M. (2021) Scenario-dependent ZUPT-aided pedestrian inertial navigation with sensor fusion. *Gyroscopy and Navigation* 12(1).

[24] Laverne, M., George, M., Lord, D. et al. (2011). Experimental validation of foot to foot range measurements in pedestrian tracking. *ION GNSS Conference*, Portland, OR, USA (19-23 September 2011).

[25] Wang, Y., Lin, Y.-W., Askari, S. et al. (2020). Compensation of systematic errors in ZUPT-aided pedestrian inertial navigation. *IEEE/ION Position Location and Navigation Symposium (PLANS)*, Portland, OR, USA (20-23 April 2020).

[26] TDK InvenSense (2020). ICP-10100 Barometric Pressure Sensor Datasheet.

[27] Cui, X., Gulliver, T. A., Li, J., and Zhang, H. (2016). Vehicle positioning using 5G millimeter-wave systems. *IEEE Access* 4:6964-6973.

[28] Gersdorf, B. and Freese, U. (2013). A Kalman filter for odometry using a wheel mounted inertial sensor. *International Conference on Informatics in Control, Automation and Robotics (ICINCO)* (1), 388-395.

[29] Jimenez, A. R., Seco, F., Prieto, J. C., and Guevara, J. (2010). Indoor pedestrian navigation using an INS/EKF framework for yaw drift reduction and a foot-mounted IMU. *IEEE Workshop on Positioning Navigation and Communication (WPNC)*, Dresden, Germany (11-12 March 2010).

[30] Mezentsev, O. and Collin, J. (2019). Design and performance of wheel-mounted MEMS IMU for vehicular navigation. *IEEE International Symposium on Inertial Sensors & Systems*, Naples, FL, USA (1-5 April 2019).

[31] Zheng, Y., Liu, Q., Chen, E. et al. (2014). Time series classification using multi-channels deep convolutional neural networks. *International Conference on Web-Age Information Management*, Macau, China (16-18 June 2014), pp. 298-310.

[32] Hannink, J., Kautz, T., Pasluosta, C. F. et al. (2017). Mobile stride length estimation with deep convolutional neural networks. *IEEE Journal of Biomedical and Health Informatics* 22(2):354-362.

[33] Wagstaff, B., Peretroukhin, V., and Kelly, J. (2017). Improving foot-mounted inertial navigation through real-time motion classification. *IEEE International Conference on Indoor Positioning and Indoor Navigation (IPIN)*, Sapporo, Japan (18-21 September 2017).

[34] Fan, L., Wang, Z., and Wang, H. (2013). Human activity recognition model based on decision tree. *IEEE International Conference on Advanced Cloud and Big Data*, Nanjing, China (13-15 December 2013).

[35] Wang, Y. and Shkel, A. M. (2021) Learning-based floor type identification in ZUPT-aided pedestrian inertial navigation. *IEEE Sensors Conference* 5.

[36] Askari, S., Jao, C.-S., Wang, Y., and Shkel, A. M. (2019). Learning-based calibration decision system for bio-inertial motion application. *IEEE Sensors Conference*, Montreal, Canada (27-30 October 2019).

[37] Anguita, D., Ghio, A., Oneto, L. et al. (2012). Human activity recognition on smartphones using a multiclass hardware-friendly support vector machine. In: *International Workshop on Ambient Assisted Living*, 216-223. Berlin, Heidelberg: Springer-Verlag.

[38] Ordóñez, F. J. and Roggen, D. (2016). Deep convolutional and LSTM recurrent neural networks for

multimodal wearable activity recognition. *Sensors* 16(1):115.
[39] Olsson,F.,Rantakokko,J.,and Nygards,J. (2014). Cooperative localization using a foot-mounted inertial navigation system and ultrawideband ranging. *IEEE International Conference on Indoor Positioning and Indoor Navigation(IPIN)*,Busan,Korea(27-30 October 2014).

第 2 章

惯性传感器和惯性测量单元

惯性传感器(包括加速度计和陀螺仪)是惯性导航的硬件基础。惯性传感器是利用惯性和相关测量原理制造的精密仪器。惯性传感器包括两种类型:加速度计和陀螺仪,分别用来测量比力和旋转运动。导航应用时,惯性传感器通过三轴加速度计和三轴陀螺仪正交安装的形式组装成惯性测量单元(inertial measurement units,IMU)。本章重点关注惯性传感器工作原理。

2.1 加速度计

惯性导航依赖加速度计测量值,这是因为对该测量值积分可以得到速度和位置变化量。根据牛顿第二定律,刚体相对于惯性空间的加速度与其受力成正比。因此,就像位置或速度测量一样,加速度计可以在没有任何外部参考信息的情况下,在其内部独立完成加速度测量过程。

加速度计主要分为两类:静态加速度计和谐振加速度计。在静态加速度计中,传感元件或质量振子在测量期间不振动,而谐振式加速度计在测量过程中会被激励到共振频率[1]。

2.1.1 静态加速度计

静态加速度计通常可被建模为阻尼质量振子-弹簧系统(图2.1)。质量振子通过弹性系数为 k 的弹簧与阻尼系数为 c 的阻尼块连接在加速度计框架上。假设框架的位移是 x_f,质量振子相对于绝对参考坐标系的位移是 x_p。因此,运动方程可以写为

$$m\ddot{x}_p = c(\dot{x}_f - \dot{x}_p) + k(x_f - x_p) \tag{2.1}$$

假设 $x = x_p - x_f$ 是质量振子相对于框架的运动位移,也就是被测量量。那么,上述方程式变为

$$m\ddot{x} + c\dot{x} + kx = -m\ddot{x}_f \tag{2.2}$$

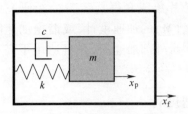

图 2.1　加速度计基本结构

在这种情况下,质量振子的相对运动与框架的加速度有直接关系。可以证明,质量振子的相对运动与外部加速度成正比,比率为 $1/\omega_0^2$。如果加速度计变化缓慢,则有

$$\frac{x}{\ddot{x}_f} = \frac{m}{k} \triangleq \frac{1}{\omega_0^2} \quad (\omega \ll \omega_0) \tag{2.3}$$

式中:ω 为外部加速度的频率。

虽然加速度计模型与阻尼质量振子-弹簧系统一样简单,但加速度计的实际实现过程可是大不相同的。例如,在热式加速度计结构中,需要气体环境、一个加热器和一些空间分布的温度计。加热器会使气体升温,当系统处于静止状态时,环境气体的温度分布是对称的。然而,当外部存在加速度时,由于在被加热气体上施加的惯性力,温度分布也将发生变化,并且该温度变化可以被加热器周围的温度计检测到。因此,环境气体被用来取代热加速度计中的固体质量振子。另外,由于热加速度计中没有固体悬浮物,理论上,热式加速度计具有较好的抗冲击、抗摩擦和抗环境振动能力[2]。

光纤式加速度计被证明可用于加速度测量[3],主要运用材料折射率变化的原理,当外部加速存在时会导致光纤弯曲而引起折射率的变化。因此,输出光的相位会发生变化。光纤加速度计表现出了良好的性能,特别是在低频率(<10Hz)和弱振动激励(<0.3m/s²)条件下的测量[4]。如果采用功率检测的询问方案,可进一步使传感器不受温度波动的影响。此外,像热式加速度计一样,光纤加速度计结构中没有任何移动部件,因此它不会由于外界的冲击和振动而发生漂移。

需要注意的是,在这些系统中,加速度计增益会随着系统固有频率的降低而增加,但是带宽会相应减小。此外,系统输入(比力)在传感器输出电压中按比例产生变化,即传感器的输入是振幅调制(amplitude modulated,AM)。这种系统的动态范围通常低于 120dB,这是由于目前可参考的商用 AM 信号稳定性约为 1×10^{-6}[5]。此外,为了阻尼系统的瞬态响应,系统在包装设计时,通过密封在包装中的残留气体来实现精确的阻尼效果。但是,这样的包装设计与高性能微机

电系统(micro-electro-mechanical systems, MEMS)陀螺仪的真空密封要求相矛盾,因此会使系统的单芯片集成变得复杂[6]。经研究和试验证明,基于频率调制(frequency modulation, FM)的加速度计,或谐振加速度计,利用输出频率来代替振幅检测,可以用来测量外部加速度,并且适用于高动态、高带宽和高信噪比的环境。

2.1.2 谐振加速度计

与静态加速度计输出和运动幅值直接相关不同,谐振加速度计的输出是设备的共振频率,该共振频率与外部加速度相关联。大部分共振加速度计的设计方式是,设备有效刚度会由于外部加速度的存在而引起结构应力改变。

为了实现上述目标,可以设计不同的结构。最早是利用声表面波(surface acoustic wave, SAW)来实现的[7],其中,一个质量振子被固定在由压电材料(如石英或锆钛酸铅(lead zirconate titanate, LZT))支撑的悬臂梁自由端上。这样,机械变形就可以转化为电信号。当有外部加速度时,悬臂梁就会弯曲,表面几何尺寸、弹性模量和表层材料的密度会因拉伸或压缩而改变,最终使 SAW 谐振频率改变。这种测量方式的灵敏度可以达到 $10\mathrm{kHz}/g$。声表面波器件的主要优点是制造相对简单,且存在一个相对较大的制造公差。

振动梁也可以用来组装谐振加速度计。夹钳梁的一端通过杠杆与质量振子连接。当有外部加速度施加到系统上时,由质量振子产生的惯性力被杠杆放大,并作为轴向负载施加到梁上,直接改变梁的谐振频率。因此,可以通过测量梁的谐振频率来提取加速度的幅值。在微结构 MEMS 加速度计中,加速度计的性能可以达到 $5.6\times 10^{-10}g$ 的零偏不稳定性与 $9.8\times 10^{-10}g/\sqrt{\mathrm{Hz}}$ 的速度随机游走(velocity random walk, VRW)[8]。

文献[9]提出体声波(bulk acoustic wave, BAW)器件也可以用于谐振加速度计,其中 BAW 谐振器的谐振频率可以被静电调谐。当有外部加速度时,连接谐振器和锚点之间的系绳会由于加速而变形,谐振器和频率调谐电极之间的电容间隙会发生变化。因此,由静电调谐引起的频率会发生变化。然而,在这种情况下,调谐电容和间隙之间的关系是非线性的,因此频率频移和外部加速度之间的关系也不是线性的。一种缓解上述问题的有效措施是改变结构设计,使谐振器和调谐电极之间的重叠面积而非间隙随着外部加速度的变化而变化,并且目前研究已经证明该线性动态范围可以达到 140dB[10]。谐振频率远高于其他器件是 BAW 谐振器的优势之一,也正是由于上述原因,BAW 器件的谐振加速度计可以实现更高的带宽和抗冲击能力。

图 2.2 所示为基于 SAW 器件、振动梁器件和 BAW 器件的加速度计原理图。

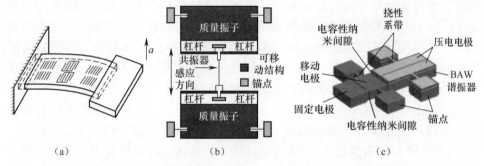

图 2.2 基于 SAW 器件、振动梁器件和 BAW 器件的加速度计原理图
(资料来源:(a)Shevchenko 等[11],
在 CCBY 4.0 协议许可下引用;(b) Zhao 等[8];(c) Daruwalla 等[9])

2.2 陀 螺 仪

陀螺仪是一种测量转动的传感器。陀螺仪的应用主要包括汽车转动检测、平台稳定、陀螺罗经和惯性导航。陀螺仪可以根据工作物理原理和涉及技术的不同来分类。部分陀螺仪分类包括机械陀螺仪、光学陀螺仪、核磁共振陀螺仪(nuclear magnetic resonance gyroscopes,NMRG)和 MEMS 振动陀螺仪。图 2.3 对上述陀螺仪的性能和应用进行了总结。

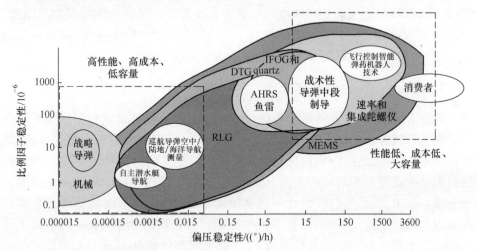

图 2.3 不同陀螺仪的性能与指标总结
(资料来源 Passaro 等[12],在 CC BY 4.0 协议许可下引用)

2.2.1 机械陀螺仪

机械陀螺仪也称质量自旋式陀螺仪,它虽然是历史上最早研究的陀螺仪,但

仍然是迄今为止精度最高的陀螺仪。机械陀螺仪的核心元件是一个在万向节框架上高速旋转的质量振子。此外,如静电式、磁力式的悬挂技术也陆续被提出并研究。机械陀螺仪是以陀螺效应为基础工作的,即在没有外部力矩作用的情况下,由于角动量守恒,陀螺仪的旋转轴相对于惯性坐标系固定不变,机械陀螺仪可以通过测量旋转转子与坐标系之间的相对运动,直接得到系统姿态变化。机械陀螺仪的零偏不稳定性量级介于 $10^{-5} \sim 10^{-3}(°)/h$。系统摩擦和不平衡是机械陀螺仪的主要误差来源。减少上述误差的方式包括高精度制造与后处理技术、优化轴承与润滑剂技术、特殊应用环境下的流体或磁悬浮技术。尽管机械式陀螺仪具有超高的精度,但是系统复杂度高、尺寸与重量大、成本高等特点限制其应用,目前仍主要应用于潜艇导航。

2.2.2 光学陀螺仪

光学陀螺仪的基本工作原理是萨格奈克效应,即光路旋转会引起两束反向传播光束的传播时间的差异。两束光之间的相对相移可以写为

$$\Delta\phi = \frac{8\pi A}{\lambda c}\Omega \tag{2.4}$$

式中:A 为光路所包围的面积;λ 为光束波长;c 为光速;Ω 为外部旋转角速率。

由式(2.4)可知,萨格奈克效应之所以可以应用于陀螺仪,是因为当存在外部旋转角速率时,会有与该角速度成正比的相位差或频率差输出。另外,式(2.4)还表明,更大的封闭区域和更短的光波长可以提高光学陀螺的灵敏度。目前在市场上销售的成熟光学陀螺仪有两种:环形激光陀螺仪(ring laser gyroscopes,RLG)和光纤陀螺仪(fiber optic gyroscopes,FOG)。

2.2.2.1 环形激光陀螺仪

典型 RLG 结构包括一个发光腔。其中,发光腔由陶瓷玻璃材料制成的固体块制作,氦/氖混合物作为混合介质充入腔体中。系统中的电极为发光介质,用来提供电压增益,然后两束独立光束在腔体内以相反的方向持续传播。RLG 的输出来自两束光干涉效应产生的干涉条纹,其中干涉效应可以通过光电探测器来测量。其中,要求放射腔的几何形状精度足够高(亚微米级),这样才能够确保腔内的光路是波长的倍数,进而产生驻波。目前研究表明,RLG 的零偏不稳定性可以达到 0.0001(°)/h 数量级[13]。机械陀螺仪和 RLG 是目前高端陀螺仪市场上仅有的两款陀螺仪。

闭锁效应是 RLG 的主要误差源之一。该误差源是指如果外部旋转速率比较低,两束相反方向传播的激光将会耦合并同步。闭锁效应主要是由激光腔的不完美性而产生激光反向散射导致的。机械抖动是克服该误差的一个常用方法,即在敏感轴周围产生机械振荡[14]。然而,抖动的振动会给激光腔带来额外

的干扰,从而增加整个系统的噪声。

由于 RLG 对发光腔制造有严格的要求导致其成本很高,并且很难在保持高性能的同时减小陀螺的尺寸和重量。此外,RLG 需要高功耗(通常在 10W 左右)来维持激光器。FOG 则可以较低的性能为代价来克服上述 RLG 缺点。

2.2.2.2 光纤陀螺仪

不同于 RLG 的固体块状发光腔结构,FOG 采用光纤技术形成光路,两个独立光束以相反方向传播。使用光纤形成光路的优点包括以下几方面:①光纤可以形成线圈结构,这样就可以在小尺寸设备内实现较长光路;②电信行业具有大规模生产光纤的能力,使得光线成本低、可承受;③对 FOG 光纤的制造公差要求低于对 RLG 中发光腔的要求;④FOG 中不需要通过机械抖动来克服闭锁效应,大大降低系统的复杂度。关于 RLG 与 FOG 之间比较的更多细节,可参见文献[15]。

FOG 主要包括干涉式 FOG(interferometric FOG,I-FOG)和谐振式 FOG(resonant FOG,R-FOG)两种类型。其中,I-FOG 是现阶段比较成熟的一类,萨格纳克效应中反向传播光束之间的相位差是通过光束间的干涉效应来实现的,而 R-FOG 则是直接测量两个光束之间的频率差。

在 I-FOG 中,低相干光源(如超辐射发光管)常被用来减少反向散射。因此,I-FOG 功耗比 RLG 低得多,约为 1mW[16]。并且光纤的长度可以达到数千米,以提高陀螺仪的灵敏度。然而,I-FOG 精度受零偏漂移影响。零偏漂移是由时变温度场、光源强度噪声和偏振耦合等因素引起的。相比体光学谐振腔,光纤陀螺结构更容易受到冲击和振动影响,研究表明光纤陀螺的零偏不稳定性可以达到 0.01(°)/h 的数量级[17]。

相较于 RLG,FOG 性能略差,但已经在机器人和汽车工业中得到广泛应用。RLG 则被广泛应用于商业和军用航空领域的捷联式惯性导航系统中。

2.2.3 核磁共振陀螺仪

20 世纪 60 年代,大型核磁共振陀螺仪被研发出来,其零位漂移稳定性可以达到 0.1(°)/h[18],但由于尺寸太大,无法实际使用。然而,随着基于 MEMS 的微批量制造技术的发展,微尺寸 NMRG 已经成为可能[19]。NMRG 利用拉莫尔进动原理,即原子核自转轴会沿着外部磁场的方向进动,且外部旋转会改变原子的进动频率。观测进动频率可以表示为

$$\omega_{\text{obs}} = \gamma H + \Omega \quad (2.5)$$

式中:γ 为磁偶极矩与核角动量之比,完全取决于原子自身特性;H 为外部磁场的大小;Ω 为外部旋转角速率。

典型 NMRG 制造过程中,需要构造一个原子气室用来填充 NMR 活性同位素、碳原子和缓冲气体。NMR 同位素的核自旋极化很难控制和观测,但其角动量可以通过原子之间的碰撞在 NMR 同位素的核自旋和碱原子的电子自旋之间转移。缓冲气体用于减少碱原子和电池壁之间的碰撞,从而将其引起的相干布居俘获(coherent population trapping,CPT)的信号展宽降至最低[20]。需要注意的是,输出角速率与磁场大小直接相关。因此,磁场的稳定性是影响 NMRG 性能的最关键参数之一。例如,对于 ^{129}Xe,100fT(约为地球磁场的十亿分之一数量级)的磁场不稳定性会引起约为 1(°)/h 的陀螺零偏不稳定性[18]。因此,磁屏蔽和外加磁场精确控制对提高核磁共振仪的性能至关重要。

理论上,由于原子自身的性质,NMRG 具有零温度敏感性和无限的线性动态范围。不同于光学陀螺仪,NMRG 性能与尺寸无关。此外,核磁共振陀螺仪中没有移动部件,因此其具有抗冲击和抗振动能力。总之,NMRG 的众多优点使该项技术很有前途,特别是在与 MEMS 技术结合实现微型化之后。

2.2.4 微机电系统振动陀螺仪

第一个微机械硅陀螺仪于 1991 年在查尔斯·斯塔克·德雷伯(Charles Stark Draper)实验室研制成功[21]。由于 MEMS 技术在过去 30 年的快速发展,MEMS 陀螺仪变得体积更小、精度更高、成本更低。该类陀螺仪是行人惯性导航中使用最多的陀螺仪类型。关于 MEMS 振动陀螺仪的更多细节可以在文献[22-23]中找到。

2.2.4.1 基本工作原理

大多数 MEMS 陀螺仪采用一个振动机械元件作为传感器来检测角速度。与机械陀螺仪相比,MEMS 陀螺仪没有旋转转子或复杂平台结构,因此具备尺寸小和重量轻的特点。MEMS 振动陀螺仪的工作原理是科里奥利效应:旋转框架中的物体会对科里奥利力的变化较为敏感,该作用力的大小与该框架的角速度成正比:

$$F_c = -2m(\boldsymbol{\Omega} \times \boldsymbol{v}) \tag{2.6}$$

式中:m 为物体的质量;$\boldsymbol{\Omega}$ 为框架旋转角速度;$\boldsymbol{v}$ 为物体与框架间的相对速度。

需要注意的是,科里奥利力的大小(或者科里奥利加速度)与角速度成正比。因此,MEMS 振动陀螺仪可以被认为是一个与加速度计相结合的谐振器。其中,谐振器以恒定的振幅振荡,加速度计则实时测量科里奥利加速度的大小。

研究证实,很多材料都可以用来制造 MEMS 陀螺仪,如单晶硅(single crystal silicon,SCS)、多晶硅、金属玻璃、熔融石英(fused quartz,FQ)、金刚石和碳化硅(SiC)。此外,很多学者还提出了不同几何形状和配置的 MEMS 陀螺仪,包括离散质量-弹簧系统、连续环形结构、音叉、BAW 装置和三维外壳结构。尽管

MEMS 振动陀螺仪有许多不同的配置,但它们通常可以被建模为二自由度(two degree-of-freedom,2-DOF)的阻尼质量弹簧系统,如图 2.4 所示。在大多数 MEMS 陀螺仪结构设计中,由于技术限制,通常把两个模式的共振频率设计成不同的数值。

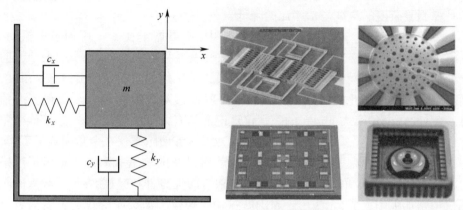

图 2.4 陀螺仪及其不同结构示意

(资料来源:Nasiri[24];Trusov 等[25];Johari,Ayazi[26];Asadian 等[27])

2.2.4.2 操作模式

MEMS 陀螺仪有 3 种工作控制模式:开环模式、力平衡模式和全角模式[28],这 3 种模式的理想性能曲线如图 2.5 所示。

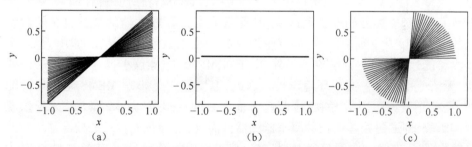

图 2.5 陀螺仪分别在(a)开环模式、(b)力平衡模式、(c)全角模式下运行的理想性能曲线
(资料来源:Shkel[28])

(1) 开环模式。开环模式是最简单的陀螺操作模式,质量振子在共振时以恒定振幅沿驱动轴(x 轴)被激励,而不会沿感应轴(y 轴)被激励或控制。如果陀螺仪沿其敏感轴(本例中为 z 轴)出现角速率,就会出现科里奥利力并驱动 y 轴。这可以说明沿 y 轴的运动振幅与沿 z 轴的角速率成正比。开环模式的实现很简单,但付出的代价是陀螺仪带宽小、线性测量范围低。

(2)力平衡模式。力平衡模式可以克服开环模式的部分局限性。在力平衡模式中,沿驱动轴的控制与开环模式相同,而沿感应轴的运动振幅会由于施加适当的驱动力而被抑制到0。其中,实时记录抑制运动的控制力,该力与输入角速率成正比。在该模式下,陀螺仪的带宽可以增加到设备的谐振频率,但付出的代价是控制复杂度的提高与信噪比的降低。

(3)全角模式。在全角模式运行过程中,质量振子在 $x-y$ 平面自由振动。当沿 z 轴有旋转角速率作为输入时,会产生科里奥利效应,质量振子的振动方向会前移。与前两种操作模式不同,在全角模式下工作的陀螺仪输出信息是角度,而不是角速度。因此,在导航过程中,不需要通过对角速率积分来获得姿态信息。此外,在全角模式下运行的陀螺仪理论上具有无限的机械带宽,这使该类陀螺能够在恶劣的动态环境下工作。然而,为了能够使陀螺仪在全角模式下工作,陀螺仪的两个谐振频率需要彼此接近,这就对设备的制造和后处理提出了严格要求。因此,尽管全角作业模式具有很多独有的优势,但它只能在尺寸较大的陀螺仪精密加工中完成,无法用于 MEMS 振动陀螺仪。该类陀螺仪的发展前景可参阅文献[23]。

2.2.4.3 误差分析

MEMS 振动陀螺仪的误差源主要包括由环境温度变化引起的陀螺漂移、电子噪声以及安装在同一基板上同类型传感器之间的串扰,例如,IMU 内部的三轴陀螺仪之间就可能存在串扰。

大多数 MEMS 振动陀螺仪是由硅制造的,其材料特性(如弹性模量、热膨胀系数等)会随着温度的变化而改变,某些低成本运算放大器的增益也会随着温度的变化而变化。研究表明,硅制陀螺仪的刻度系数漂移高达 1.2×10^{-10}℃,零偏漂移能达到 $180(°)/h^{[29]}$。另外,由于对 MEMS 陀螺仪小尺寸和低功耗的要求,无法使用温箱来控制环境温度。因此,温度变化是影响 MEMS 陀螺仪性能的主要因素之一。为了解决该问题,可采用温度自感应与自校准方法来补偿温度的影响,即通过跟踪谐振频率来监测器件温度,并与预先记录的校准结果对器件输出进行补偿。在温度范围为 25~55℃,一个温度自感应器测量精度为 0.0004℃ 时,可温度补偿的总偏差为 $2(°)/h$,比例因子稳定性为 $7\times10^{-8[30]}$。克服上述问题的另一种方式是采用 FQ 等与温度相关参数较低的材料来制造陀螺仪。

MEMS 振动陀螺仪中包括许多用来调节设备频率、维持共振时的振荡、抑制运动正交分量的控制回路。并且由于整个系统尺寸和功耗的限制,电子设备的噪声等级可能很高。文献[31]提出了为解决该问题的电子产品设计方式。还有一种解决方式就是减少设备的制造缺陷,进而减少所需的控制量。众多学者提出了很多方法来补偿和降低器件结构的不对称性和能量耗散,以改善 MEMS

振动陀螺仪的噪声性能。

总之,由于微纳加工技术的快速发展,MEMS 振动陀螺仪性能适中,且尺寸已经远小于前述各类型陀螺仪(可达到毫米级)。高精度制造工艺的发展、结构设计的优化设计与实现、低功耗的新材料工艺、事后处理技术以及低噪电子控制装置等手段都会进一步提高 MEMS 振动陀螺仪的性能。文献[32]研发的 MEMS 已具备近导航级性能,其零偏不稳定性为 0.027(°)/h、角度随机游走(angle random walk,ARW)为 0.0062(°)/$\sqrt{h}$。目前,MEMS 振动陀螺仪主要应用在消费级和低端战术级领域。但预计在不久的将来,该类传感器将被广泛应用于其他高端应用领域。

2.3 惯性测量单元

单轴加速度计或单轴陀螺仪无法满足导航应用需求。通常情况下,需要一组由三轴陀螺仪和三轴加速度计组成的惯性测量单元,才能获得全部的导航信息。本节简要介绍将惯性传感器组合成 IMU 的常用技术。

2.3.1 多传感器组装方式

惯性组件最常用和最成熟的组装技术就是在一个刚性框架上装配单个惯性传感器,即将单轴惯性传感器沿 3 个正交方向组装,用来测量三维空间的加速度和角速度。这种装配方法的优点之一是,其约束与限制较单片方法更少,因此可以通过优化单轴惯性传感器的性能来提高整体传感器的性能,并且避免非正交误差的影响[33]。例如,图 2.6(a)所示的立体 IMU 中,x 轴、y 轴陀螺仪和 z 轴加速度计敏感到的平面外运动可以被消除。为了减小 IMU 整体尺寸,也可以采用堆叠结构的方式(图 2.6(b))。

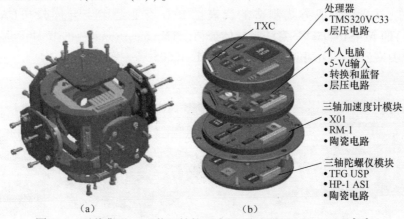

图 2.6　两种典型 IMU 装配结构示意图(资料来源:Barbour 等[34])
(a)立体结构;(b)堆叠结构。

多传感器组装装配的另一个优点是可以减小传感器间的串扰。MEMS 陀螺仪串扰是指由于设备之间相互靠近而产生的机械和电气耦合。机械耦合主要是指通过设备之间的安装结构而传递振动,电气耦合是指紧密间隔的导线和金属迹线之间的电容或电阻耦合[35]。由于各轴惯性传感器是单独组装在一个刚性框架内,如果设计得当,传感器之间的耦合就可以降到最低。

系统体积和重量相对较大是多传感器组装方式的主要缺点。这是因为该组装方式需要一个额外的框架来固定传感器,并且需要装配 6 个独立的印制电路板(printed circuit boards,PCB)来分别处理 6 个惯性传感器的输出信息。

中高性能 IMU 通常会采用多传感器组装方式,付出的代价则是体积偏大。例如,霍尼韦尔(Honeywell)公司的 HG1930[36]、西斯特朗·唐纳(Systron Donner)公司的 SDI500[37]、诺斯罗普·格鲁曼公司(Northrop Grumman)的 IMU[38]。为了达到较好的性能,它们的体积基本在 100cm^3 左右。相关学者研究了微型化多传感器组装方式,试验证明该装配方式可以将 IMU 体积减小到 10mm^3(无控制电路)[39]。然而,该类 IMU 性能无法满足高端需求。

2.3.2 单芯片集成方式

在单芯片方式中,多个多轴或单轴传感器被集成在一个芯片上。这种方式的最大优点是由于设计紧凑而使传感器制造的体积较小。通常情况下,单芯片集成 IMU 方式的传感器体积可以小于 10mm^3,但随之付出的代价是传感器性能降低。例如,在多轴传感器中,由沿不同方向的平移和旋转运动可以共同作用一个质量振子,被测量量是沿不同方向的合量。并且,不同轴之间的串扰可能影响设备的整体性能。图 2.7 所示为三轴陀螺仪不同机械结构示意图,这类传感器的"占地"面积一般都很小(1mm^2)。然而,为了实现沿多个方向的测量,通常这种结构设计复杂度较高。因此,其可靠性和性能不如组装的同类产品好。市场上部分以单芯片集成方式制造的代表性 IMU 有亚德诺半导体公司(Analog Devices)的 ADIS16495[44]、意法半导体公司(STMicroelectronics)的 LSM6DSM[45]、TDK 应美盛公司(TDK InvenSense)的 ICM-42605[46]。

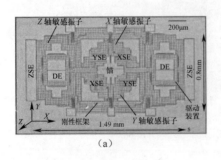

(a)

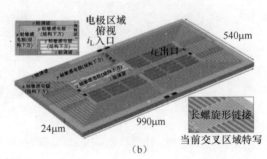

(b)

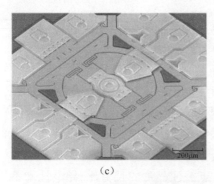 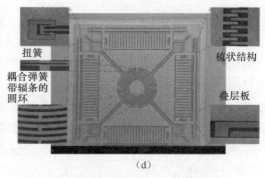

(c)　　　　　　　　　　　　　(d)

图 2.7　三轴陀螺仪不同机械结构示意(资料来源:(a) Efimovskaya 等[40];
(b) Marra 等[41-43];(c) Wen 等[42];(d) Tseng 等[43])

2.3.3　设备折叠方式

立体结构 IMU 的微观制造也可以采用器件折叠的方法。其中,单轴高性能惯性传感器可以分批集成在一个平面晶片上,然后通过连接柔性聚合物铰链将平面结构折叠成三维结构,就像一个硅制饼图[33]。在这种集成方式中,整个 IMU 可以用一块晶片制造,这样不仅简化了制造过程,而且通过夹具辅助折叠过程进而提高产量和精度。例如,图 2.8 展示了一个带有三轴陀螺仪、三轴加速度计和一个作为时钟的谐振器的 IMU 实物图。这种集成方式重点关注制造过程中不同材料(硅、聚合物与金属)的兼容性、设计结构在冲击和振动下的生存能力、装配过程中惯性传感器的错位程度及结构对温度的敏感性等。为了缓解上述问题,可采用结构加固技术(如硅焊接和锁扣之间的共晶黏接)或采用新材料(如聚对二甲苯(Parylene))[49]。但是,这种方法还没有使用到商业 IMU 中。

(a)　　　　　　　　　　　　　(b)

图 2.8　基于 MEMS 制造的小型 IMU 结构装配图(资料来源:
(a) Efimovskaya 等[47];(b) Cao 等[48])
(a)折叠式结构;(b)堆积式结构。

2.3.4 芯片堆叠方式

垂直芯片堆叠是另一种 IMU 小型化的集成方式。用这种方法制造的 IMU 与图 2.6(b)形式类似,不同之处是每层都是用单个芯片制造的,并且芯片间通过微加工技术黏合,而不是通过机械螺钉堆叠在一起。这种集成方式主要是利用了惯性传感器的体积特点,即多以平面为主,且其厚度要比长度和宽度小得多。因此,芯片堆叠的集成方式可以大大减小系统的体积[50]。芯片堆叠方式必备两类主要技术:晶圆键合技术和晶片互联技术。晶圆键合技术的目的是形成芯片堆叠的刚性结构,其中要重点关注键合产率和错位。晶片互联技术的主要目的是在堆栈之间进行电气连接,这里要重点关注晶片的长宽比、导电性和不同互联之间的穿透性[51]。目前,利用芯片堆叠方法制造的 IMU 体积可以达到 13mm^2,横截面积(占地面积)为 6mm×6mm(图 2.8(b))[48]。与用单芯片方式制造的 IMU 相比,芯片堆叠方式制造的 IMU 体积是相同的,但相对较大的"占地面积"有进一步提高传感器性能的潜力。到目前为止,该制造方式还没有应用到商业化 IMU 中,主要是因为该制造过程的可靠性相对较低。

2.4 总 结

本章介绍了不同种类惯性传感器的基本工作原理。单轴惯性传感器的制造过程中会涉及不同的技术,并且每项技术都有各自的优点和缺点。

尽管本书主要关注的是惯性导航,即 IMU 应用在导航领域中。但 IMU 还有许多其他应用,如制造质量控制、医疗康复、机器人、运动学习及虚拟增强现实技术[52]。不同的应用领域会产生不同的约束条件,但也包括共同的考虑因素,如封装尺寸、数据精度、采样频率与环境适用性。没有任何一种 IMU 技术可以适用于所有应用环境,因此,需要针对不同的应用场景来选择合适的技术。

参 考 文 献

[1] Ayazi, F. (2013). Bulk acoustic wave accelerometers. US Patent No. 8,528,404,10 September 2013.

[2] Everhart, C. L. M., Kaplan, K. E., Winterkorn, M. M. et al. (2018). High stability thermal accelerometer based on ultrathin platinum ALD nanostructures. *IEEE International Conference on Micro Electro Mechanical Systems(MEMS)*, Belfast, UK(21-25 January 2018), pp. 976-979.

[3] Villnow, M. (2018). Fiber-optic accelerometer. US Patent Application 15/758,422,13 September 2018.

[4] Rong, Q., Guo, T., Bao, W. et al. (2017). Highly sensitive fiber-optic accelerometer by grating inscription in specific core dip fiber. *Scientific Reports* 7(1):11856.

[5] Analog Devices(2008). MT-087:voltage references. Norwood, MA, USA. https://www.analog.com/media/en/training-seminars/tutorials/MT-087.pdf(accessed 05 March 2021).

[6] Trusov, A. A., Zotov, S. A., Simon, B. R., and Shkel, A. M. (2013). Silicon accelerometer with differential frequency modulation and continuous self-calibration. *IEEE International Conference on Micro Electro Mechanical Systems(MEMS)*, Taipei, Taiwan (20-24 January 2013).

[7] Dwyer, D. F. G. and Bower, D. E. (1986). Surface acoustic wave accelerometer. US Patent No. 4,598,587, 8 July 1986.

[8] Zhao, C., Pandit, M., Sobreviela, G. et al. (2019). A resonant MEMS accelerometer with 56ng bias stability and 98ng/Hz1/2 noise floor. *IEEE/ASME Journal of Microelectromechanical Systems* 28(3): 324-326.

[9] Daruwalla, A., Wen, H., Liu, C.-S. et al. (2018). A piezo-capacitive BAW accelerometer with extended dynamic range using a gap-changing moving electrode. *IEEE/ION Position, Location and Navigation Symposium(PLANS)*, Monterey, CA, USA (23-26 April 2018), pp. 283-287.

[10] Shin, S., Daruwalla, A., Gong, M. et al. (2019). A piezoelectric resonant accelerometer for above 140db linear dynamic range high-G applications. *20th International Conference on Solid-State Sensors, Actuators and Microsystems & Eurosensors XXXIII(TRANSDUCERS & EUROSENSORS XXXIII)*, Berlin, Germany (23-27 June 2019), pp. 503-506.

[11] Shevchenko, S., Kukaev, A., Khivrich, M., and Lukyanov, D. (2018). Surface-acoustic-wave sensor design for acceleration measurement. *Sensors* 18(7): 2301.

[12] Passaro, V., Cuccovillo, A., Vaiani, L. et al. (2017). Gyroscope technology and applications: a review in the industrial perspective. *Sensors* 17(10): 2284.

[13] Schreiber, K. U. and Wells, J. P. R. (2013). Invited review article: large ring lasers for rotation sensing. *Review of Scientific Instruments* 84(4): 041101.

[14] Fan, Z., Luo, H., Lu, G., and Hu, S. (2012). Direct dither control without external feedback for ring laser gyro. *Optics & Laser Technology* 44(4): 767-770.

[15] Juang, J. and Radharamanan, R. (2009). Evaluation of ring laser and fiber optic gyroscope technology. *American Society for Engineering Education, Middle Atlantic Section ASEE Mid-Atlantic Fall 2009 Conference*, King of Prussia, PA, USA (23-24 October 2009).

[16] Nayak, J. (2011). Fiber-optic gyroscopes: from design to production. *Applied Optics* 50(25): E152-E161.

[17] Yu, Q., Li, X., and Zhou, G. (2009). A kind of hybrid optical structure IFOG. *International Conference on Mechatronics and Automation*, Changchun, China (9-12 August 2009), pp. 5030-5034.

[18] Donley, E. A. (2010). Nuclear magnetic resonance gyroscopes. *IEEE Sensors Conference*, Kona, HI, USA (1-4 November 2010).

[19] Larsen, M. and Bulatowicz, M. (2012). Nuclear magnetic resonance gyroscope: for DARPA's microtechnology for positioning, navigation and timing program. *IEEE International Frequency Control Symposium Proceedings*, Baltimore, MD, USA (21-24 May 2012), pp. 1-5.

[20] Hasegawa, M., Chutani, R. K., Gorecki, C. et al. (2011). Microfabrication of cesium vapor cells with buffer gas for MEMS atomic clocks. *Sensors and Actuators A: Physical* 167(2): 594-601.

[21] Greiff, P., Boxenhorn, B., King, T., and Niles, L. (1991). Silicon monolithic micromechanical gyroscope. *IEEE International Conference on Solid-State Sensors and Actuators (TRANSDUCERS)*, San Francisco, CA, USA (24-27 June 1991), pp. 966-968.

[22] Acar, C. and Shkel, A. M. (2008). *MEMS Vibratory Gyroscopes: Structural Approaches to Improve Robustness*. Springer Science & Business Media.

[23] Senkal, D. and Shkel, A. M. (2020). *Whole Angle MEMS Gyroscopes: Challenges and Opportunities*. Wiley.

[24] Nasiri, S. (2005). *A Critical Review of MEMS Gyroscopes Technology and Commercialization Status*. InvenSense.

[25] Trusov, A. A., Atikyan, G., Rozelle, D. M. et al. (2014). Flat is not dead: current and future performance of Si-MEMS quad mass gyro (QMG) system. *IEEE/ION Position, Location and Navigation Symposium (PLANS)*, Monterey, CA, USA (5-8 May 2014), pp. 252-258.

[26] Johari, H. and Ayazi, F. (2007). High-frequency capacitive disk gyroscopes in (100) and (111) silicon. *IEEE 20th International Conference on Micro Electro Mechanical Systems (MEMS)*, Hyogo, Japan (21-25 January 2007), pp. 47-50.

[27] Asadian, M. H., Wang, Y., and Shkel, A. M. (2019). Development of 3D fused quartz hemi-toroidal shells for high-Q resonators and gyroscopes. *IEEE Journal of Microelectromechanical Systems* 28(6): 954-964.

[28] Shkel, A. M. (2006). Type I and type II micromachined vibratory gyroscopes. *IEEE/ION Position, Location, And Navigation Symposium (PLANS)*, Coronado, CA, USA (25-27 April 2006), pp. 586-593.

[29] Prikhodko, I. P., Zotov, S. A., Trusov, A. A., and Shkel, A. M. (2012). Thermal calibration of silicon MEMS gyroscopes. *IMAPS International Conference and Exhibition on Device Packaging*, Scottsdale, AZ, USA (5-8 March 2012).

[30] Prikhodko, I. P., Trusov, A. A., and Shkel, A. M. (2013). Compensation of drifts in high-Q MEMS gyroscopes using temperature self-sensing. *Sensors and Actuators A: Physical* 201: 517-524.

[31] Wang, D., Efimovskaya, A., and Shkel, A. M. (2019). Amplitude amplified dual-mass gyroscope: design architecture and noise mitigation strategies. *IEEE International Symposium on Inertial Sensors and Systems*, Naples, FL, USA (1-5 April 2019).

[32] Singh, S., Woo, J.-K., He, G. et al. (2020). 0.0062°/$\sqrt{hr}$ Angle random walk and 0.027°/$\sqrt{hr}$ bias instability from a micro-shell resonator gyroscope with surface electrodes. *IEEE 33rd International Conference on Micro Electro Mechanical Systems (MEMS)*, Vancouver, Canada (18-22 January 2020), pp. 737-740.

[33] Efimovskaya, A., Lin, Y.-W., and Shkel, A. M. (2017). Origami-like 3-D folded MEMS approach for miniature inertial measurement unit. *IEEE Journal of Microelectromechanical Systems* 26(5): 1030-1039.

[34] Barbour, N., Hopkins, R., Connelly, J. et al. (2010). Inertial MEMS system applications. NATO RTO Lecture Series. *RTO-EN-SET-116*. Low-Cost Navigation Sensors and Integration Technology.

[35] Efimovskaya, A., Lin, Y.-W., Yang, Y. et al. (2017). On cross-talk between gyroscopes integrated on a folded MEMS IMU Cube. *IEEE 30th International Conference on Micro Electro Mechanical Systems (MEMS)*, Las Vegas, NV, US (22-26 January 2017), pp. 1142-1145.

[36] Honyywell (2018). HG1930 Inertial Measurement Unit. https://aerospace.honeywell.com/en/learn/products/sensors/hg1930-inertial-meas-urement-unit (accessed 05 March 2021).

[37] EMCORE (2020). SDI500 Tactical Grade IMU Inertial Measurement Unit. https://emcore.com/products/sdi500-tactical-grade-imu-inertial-measurementunit/ (accessed 08 March 2021).

[38] Northrop Grumman LITEF GmbH (2016). µIMU Micro Inertial Measurement Unit. https://northropgrumman.litef.com/en/products-services/industrialapplicatins/product-overview/mems-imu/ (accessed 08 March 2021).

[39] Zhu, W., Wallace, C. S., and Yazdi, N. (2016). A tri-fold inertial measurement unit fabricated with a batch 3-D assembly process. *IEEE International Symposium on Inertial Sensors and Systems*, Laguna Beach, USA (22-25 February 2016).

[40] Efimovskaya, A., Yang, Y., Ng, E. et al. (2017). Compact roll-pitch-yaw gyroscope implemented in wafer-level epitaxial silicon encapsulation process. *IEEE International Symposium on Inertial Sensors and Systems (INERTIAL)*, Kauai, HI, USA (27-30 March 2017).

[41] Marra, C. R., Gadola, M., Laghi, G. et al. (2018). Monolithic 3-axis MEMS multi-loop magnetometer: a performance analysis. *IEEE Journal of Microelec-tromechanical Systems* 27(4): 748-758.

[42] Wen, H., Daruwalla, A., Liu, C.-S., and Ayazi, F. (2018). A high-frequency resonant framed-annulus pitch or roll gyroscope for robust high-performance single-chip inertial measurement units. *IEEE Journal of Microelectromechanical Systems* 27(6): 995-1008.

[43] Tseng, K.-J., Li, M.-H., and Li, S.-S. (2020). A monolithic tri-axis MEMS gyroscope operating in air. *IEEE International Symposium on Inertial Sensors and Systems (INERTIAL)*, Hiroshima, Japan (23-26 March 2020).

[44] Analog Devices (2020). ADIS16495 Tactical Grade, Six Degrees of Freedom IMU. https://www.analog.com/en/products/adis16495.html (accessed 08 March 2021).

[45] STMicroelectronics (2017). iNEMO 6DoF Inertial Measurement Unit. https://www.st.com/en/mems-and-sensors/lsm6dsm.html (accessed 08 March 2021).

[46] TDK InvenSense (2020). High Performance Low Power 6-Axis MEMS Motion Sensor. https://invensense.tdk.com/products/motion-tracking/6-axis/icm-42605/ (accessed 08 March 2021).

[47] Efimovskaya, A., Senkal, D., and Shkel, A. M. (2015). Miniature origami-like folded MEMS TIMU. *IEEE International Conference on Solid-State Sensors, Actuators and Microsystems (TRANSDUCERS)*, Anchorage, AK, USA (21-25 June 2015).

[48] Cao, Z., Yuan, Y., He, G. et al. (2013). Fabrication of multi-layer vertically stacked fused silica microsystems. *Transducers & Eurosensors XXVII: The 17th International Conference on Solid-State Sensors, Actuators and Microsystems (TRANSDUCERS & EUROSENSORS XXVII)*, Barcelona, Spain (16-20 June 2013).

[49] Lin, Y.-W., Efimovskaya, A., and Shkel, A. M. (2017). Study of environmental survivability and stability of folded MEMS IMU. *IEEE International Symposium on Inertial Sensors and Systems (INERTIAL)*, Kauai, HI, USA (27-30 March 2017).

[50] Duan, X., Cao, H., and Liu, Z. (2017). 3D stack method for micro-PNT based on TSV technology. *IEEE 3rd Information Technology and Mechatronics Engineering Conference (ITOEC)*, Chongqing, China (3-5 October 2017).

[51] Efimovskaya, A., Lin, Y.-W., and Shkel, A. M. (2018). Double-sided process for MEMS SOI sensors with deep vertical Thru-Wafer interconnects. *IEEE Journal of Microelectromechanical Systems* 27(2): 239-249.

[52] Ahmad, N., Ghazilla, R. A. R., Khairi, N. M., and Kasi, V. (2013). Reviews on various inertial measurement unit (IMU) sensor applications. *International Journal of Signal Processing Systems* 1(2): 256-262.

第3章

捷联式惯性导航系统的机械编排

捷联式惯性导航系统是目前最常见的惯性导航系统(inertial navigation system, INS),相比平台式惯性导航系统,它具有成本低、体积小、可靠性高等优势[1]。正是由于上述优点,目前几乎所有的行人惯性导航系统都采用捷联式惯性导航结构。本章主要介绍捷联式惯性导航系统的机械编排。更多相关知识可参考文献[1-3]。

3.1 参考坐标系

参考坐标系主要用来描述一个物体的运动。在惯性导航中,因为惯性导航系统是独立于任何外部环境单独工作的,所以,定义一个正确且高精度的参考坐标系对导航是至关重要的。常用的直角坐标系包括以下几种。

(1) 惯性坐标系(i 坐标系)是一个相对于恒星无旋转运动的坐标系。其原点位于地球中心,z 轴与地球极轴重合。尽管地球相对于太阳是运动的,但在地球附近测量时,i 坐标系可以近似被认为是理想的惯性坐标系,直接运用牛顿运动定律。

(2) 地球坐标系(e 坐标系)是一个旋转坐标系。其原点位于地球中心,各坐标轴相对于地球固定不动。通常情况下,e 坐标系的一个坐标轴与地球极轴重合,另一个坐标轴在格林尼治子午线平面内。严格来说,由于地球自转,e 坐标系是一个非惯性坐标系。为方便起见,地表和近地面导航常用 e 坐标系。

(3) 导航坐标系(n 坐标系)是一个当地地理坐标系。其原点位于被测系统的质心,各坐标轴与当地地理北向(N)、东向(E)和地向(D)3 个方向重合。n 坐标系相对于 e 坐标系以被测系统相对地球的旋转角速度旋转,由于地球是球状,当地 N、E、D 方向会一直变化。这个旋转角速度被称为传递速率,详细内容将在 3.3 节讨论。需要注意的是,n 坐标系在越过地球南北两极上时会出现地理参考奇点。

(4) 游动方位坐标系(w 坐标系)是为了避免极地范围的奇异值现象,实现全球范围内导航而定义的坐标系。与 n 坐标系类似，w 坐标系也是一个局部水平坐标系。其原点位于被测系统的质心，但在该坐标系 x 轴与真北方向有一个方位夹角，以确保传递速率沿 z 轴分量不为 0。

（5）载体坐标系（b 坐标系）是一个与被测系统固连的坐标系。3 个坐标轴分别指向被测系统的前、右、下，这 3 个坐标轴也被称为横滚轴、俯仰轴和方位轴。

3.2 惯性坐标系下导航系统的机械编排

3.1 节中定义的惯性坐标系是位移可以直接应用牛顿运动定律的坐标系。下面从 i 坐标系开始讨论导航问题。

由于 i 坐标系无加速度和角速度运动，加速度计的读数包括两部分：系统的实际加速度和重力加速度，即

$$a = f + g \tag{3.1}$$

式中：a 为系统加速度；g 为重力加速度；f 为加速度计输出，也称比力。

在大多数惯性导航应用中，惯性测量单元（inertial measurement units，IMU）直接安装在系统上。因此，加速度计的输出就是沿 b 坐标系的测量结果。为了在 i 坐标系导航，需要将 b 坐标系的测量结果投影转换到 i 坐标系上。

$$f^i = C_b^i f^b \tag{3.2}$$

式中：C_b^i 为一个 3×3 的矩阵，表示 b 坐标系相对于 i 坐标系的姿态关系，也称为方向余弦矩阵（direction cosine matrix，DCM）；角标表示向量投影的参考坐标系。

DCM 的传播形式可以从陀螺仪的测量值解算得到：

$$\dot{C}_b^i = C_b^i [\omega_{ib}^b \times] \tag{3.3}$$

式中：ω_{ib}^b 为 b 坐标系相对于 i 坐标系的旋转角速率在 b 坐标系的投影，即陀螺仪输出值；$[\cdot \times]$ 表示反对称阵叉积算子。

换而言之，如果 $\omega_{ib}^b = [a\ b\ c]^T$，那么有

$$\Omega_{ib}^b \triangleq [\omega_{ib}^b \times] = \begin{bmatrix} 0 & -c & b \\ c & 0 & -a \\ -b & a & 0 \end{bmatrix} \tag{3.4}$$

在大多数导航应用中，感兴趣的是相对于 e 坐标系的运动，而不是相对于 i 坐标系的。例如，计算相对于地球的速度与位移比计算相对于几十亿英里（1 英里约为 1.61km）以外某固定恒星的速度和位移更有意义。然而，惯性传感器又是测量相对于 i 坐标系运动的。因此，能够在 e 坐标系和 i 坐标系之间转换是必要的。科里奥利定理用于 e 坐标系下时间导数的计算：

$$\left.\frac{d r_{ib}}{dt}\right|_i = \left.\frac{d r_{ib}}{dt}\right|_e + \omega_{ie} \times r_{ib} \tag{3.5}$$

式中：r_{ib} 为 b 坐标系相对 i 坐标系的位移；ω_{ie} 为 e 坐标系相对 i 坐标系的旋转角速度，即地球自转角速度。

这里定义 $\boldsymbol{v}_e = \dfrac{\mathrm{d}\boldsymbol{r}_{ib}}{\mathrm{d}t}\bigg|_e$。令式(3.5)对时间求导，那么加速度可以表示为

$$\boldsymbol{a} = \dfrac{\mathrm{d}^2\boldsymbol{r}_{ib}}{\mathrm{d}t^2}\bigg|_e = \dfrac{\mathrm{d}\boldsymbol{v}_e}{\mathrm{d}t}\bigg|_i + \dfrac{\mathrm{d}}{\mathrm{d}t}(\boldsymbol{\omega}_{ie}\times\boldsymbol{r}_{ib})\bigg|_i = \dfrac{\mathrm{d}\boldsymbol{v}_e}{\mathrm{d}t}\bigg|_i + \boldsymbol{\omega}_{ie}\times\boldsymbol{v}_e + \boldsymbol{\omega}_{ie}\times(\boldsymbol{\omega}_{ie}\times\boldsymbol{r}_{ib})$$

(3.6)

结合式(3.1)和式(3.6)，可以得到沿 i 坐标系的导航方程：

$$\dfrac{\mathrm{d}\boldsymbol{v}_e}{\mathrm{d}t}\bigg|_i = \boldsymbol{C}_b^i \boldsymbol{f}^b - \boldsymbol{\omega}_{ie}^i \times \boldsymbol{v}_e^i - \boldsymbol{\omega}_{ie}^i \times (\boldsymbol{\omega}_{ie}^i \times \boldsymbol{r}_{ib}^i) + \boldsymbol{g}^i \tag{3.7}$$

除了需要采用相对于 e 坐标系的旋转角速率，沿 e 坐标系的 DCM 形式与沿 i 坐标系的形式相同，即

$$\dot{\boldsymbol{C}}_b^e = \boldsymbol{C}_b^e[\boldsymbol{\omega}_{eb}^b \times] \tag{3.8}$$

式中：$\boldsymbol{\omega}_{eb}^b = \boldsymbol{\omega}_{ib}^b - \boldsymbol{C}_e^b\boldsymbol{\omega}_{ie}^e$，表示 b 坐标系相对 e 坐标系的旋转角速率。

需要注意的是，这里把地球自转角速度也考虑在内。

在式(3.7)中，等号左边是在 i 坐标系下表示系统相对地球(由角标表示)的运动加速度。等号右边第一项表示利用 DCM 将沿 b 坐标系测量比力投影转换至 i 坐标系；第二项表示由地球自转引起的科里奥利加速度；第三项表示由地球旋转引起的向心力，这项往往无法从重力加速度 $\boldsymbol{g}$ 中区分出来。这两项相加的结果称为局部重力矢量 $\boldsymbol{g}_l$，它可以通过大地测量模型得到近似值，可参考文献[4]。

图 3.1 所示为沿 i 坐标系的捷联式惯性导航系统基本原理结构。

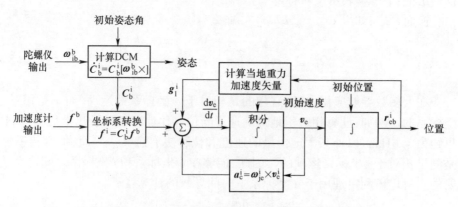

图 3.1　沿 i 坐标系的捷联式惯性导航系统基本原理结构

3.3 导航坐标系下导航系统的机械编排

在 n 坐标系中，导航数据主要包括沿北、东、地方向的速度分量和纬度、经度与高度。因此，n 坐标系主要用于地球表面或地球表面附近的导航。

对于姿态传播，此处不关注 i 坐标系与 b 坐标系之间的关系，而是关注 n 坐标系与 b 坐标系之间的姿态关系。DCM 形式与式(3.3)类似，即

$$\dot{\boldsymbol{C}}_b^n = \boldsymbol{C}_b^n [\boldsymbol{\omega}_{nb}^b \times] \tag{3.9}$$

式中：$\boldsymbol{\omega}_{nb}^b$ 为 b 坐标系相对于 n 坐标系的旋转角速度沿 b 坐标系的投影，可以通过下式计算得到：

$$\boldsymbol{\omega}_{nb}^b = \boldsymbol{\omega}_{ib}^b - \boldsymbol{C}_n^b (\boldsymbol{\omega}_{ie}^n + \boldsymbol{\omega}_{en}^n) \tag{3.10}$$

式中：$\boldsymbol{\omega}_{en}^n$ 为 n 坐标系相对 e 坐标系的旋转角速度沿 n 坐标系的投影。具体的计算方式在前面已经提到过。

对于速度更新过程，与式(3.5)相似，$\boldsymbol{v}_e$ 沿 n 坐标系的变化率可以写成如下形式：

$$\left.\frac{d\boldsymbol{v}_e}{dt}\right|_n = \left.\frac{d\boldsymbol{v}_e}{dt}\right|_i - \boldsymbol{\omega}_{in} \times \boldsymbol{v}_e = \left.\frac{d\boldsymbol{v}_e}{dt}\right|_i - (\boldsymbol{\omega}_{ie} + \boldsymbol{\omega}_{en}) \times \boldsymbol{v}_e \tag{3.11}$$

结合式(3.1)、式(3.6)和式(3.11)，可以得到

$$\left.\frac{d\boldsymbol{v}_e}{dt}\right|_n = \boldsymbol{a} - (2\boldsymbol{\omega}_{ie} + \boldsymbol{\omega}_{en}) \times \boldsymbol{v}_e - \boldsymbol{\omega}_{ie} \times (\boldsymbol{\omega}_{ie} \times \boldsymbol{r}_{ib}) \tag{3.12}$$

式(3.12)可以表示为沿 n 坐标系的投影形式，则有

$$\dot{\boldsymbol{v}}_e^n = \boldsymbol{C}_b^n \boldsymbol{f}^b - (2\boldsymbol{\omega}_{ie}^n + \boldsymbol{\omega}_{en}^n) \times \boldsymbol{v}_e^n - \boldsymbol{\omega}_{ie}^n \times (\boldsymbol{\omega}_{ie}^n \times \boldsymbol{r}_{ie}^n) + \boldsymbol{g}^n \tag{3.13}$$

需要注意的是，在 n 坐标系惯性导航原理中，科里奥利加速度有两项：第一项是由于地球自转产生的；第二项是由于被测系统在地球表面运动产生的向心加速度，并且这里假设地球表面为圆形。在由 IMU 测量误差引起的导航误差远大于科里奥利效应的情况下，可以忽略科里奥利加速度。该情况主要应用于导航时间较短(少于 10min)或中等精度 IMU(战术级或更低)解算中。

图 3.2 所示为沿 n 坐标系的捷联式惯性导航系统机械编排框图。其中，n 坐标系与 i 坐标系机械编排不同之处，在图中用红色标注。

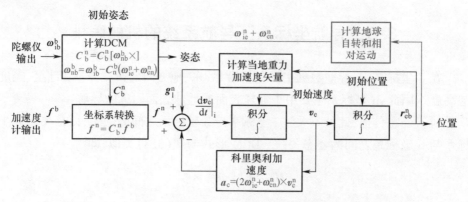

图 3.2 沿 n 坐标系的捷联式惯性导航系统机械编排框图(见彩插)

3.4 初始化

正如之前所讨论的,惯性导航方程需要以前一时刻的导航结果为当前时刻的导航起点。因此,系统各状态量(如位置、速度和姿态),需要在导航之前完成初始化工作。其中,惯性传感器的速度与位置初始化无法独立完成,需要外界辅助信息,如全球导航卫星系统(global navigation satellite system,GNSS)。大多数情况下,初始化是在运载体相对地球静止状态时完成的。位置可以由 GNSS 提供已知位置信息完成初始化,速度直接赋值为 0。初始化过程的残余运动会引起初始化误差,常用的解决方法就是延长初始化时间,求均值,抑制运动的影响。

与速度和位置初始化不同,如果 IMU 相对地球是静止状态,姿态初始化则可以由惯性传感器独立完成。其中,横滚角与俯仰角通过加速度计测量重力加速度在水平面的分量来提取。这个过程被称为水平倾角测量。在获得横滚角和俯仰角之后,可以通过陀螺仪敏感地球自转来提取方位角,该过程被称为陀螺罗经对准。还有一种常用的方位角测量方式是通过三轴磁力计测量地球磁场来获得,这个过程称为磁力计方位角测量。本节将重点介绍上述 3 种方法。

3.4.1 水平倾角测量

加速度计测量比力包括两部分:线性加速度和局部重力加速度。其中,线性加速度在初始化过程中数值接近 0。因此,加速度计只对局部重力加速度敏感。可以通过式(3.13)把 v_e^n 赋值为 0 得到比力的数学表达式,这样向心加速度只包含重力加速度,即

$$f^b = -C_n^b g^n \tag{3.14}$$

式中:g^n 为当地重力矢量。

以 $z \rightarrow y \rightarrow x$ 为旋转惯例时，DCM 可表示为

$$C_n^b = \begin{bmatrix} \cos\theta\cos\psi & \cos\theta\sin\psi & -\sin\theta \\ -\cos\phi\sin\psi + \sin\phi\sin\theta\cos\psi & \cos\phi\cos\psi + \sin\phi\sin\theta\sin\psi & \sin\phi\cos\theta \\ \sin\phi\sin\psi + \cos\phi\sin\theta\cos\psi & -\sin\phi\cos\psi + \cos\phi\sin\theta\sin\psi & \cos\phi\cos\theta \end{bmatrix} \quad (3.15)$$

式中：ϕ 为横滚角；θ 为俯仰角；ψ 为方位角。

假设当地重力加速度在 n 坐标系的投影方向向下，幅值为 g。因此，当 IMU 静止时，比力测量结果可以表示为

$$f^b = \begin{bmatrix} g\sin\theta \\ -g\sin\phi\cos\theta \\ -g\cos\phi\cos\theta \end{bmatrix} \quad (3.16)$$

这样，横滚角和俯仰角可以被估算出来，即

$$\phi = \arctan[2(-f_y^b, -f_z^b)]$$

$$\theta = \arctan\frac{f_x^b}{\sqrt{f_y^{b2} + f_z^{b2}}} \quad (3.17)$$

需要注意的是，为了使横滚角和俯仰角的取值范围在 $[-\pi, \pi]$，需要采用四象限反切函数求取。水平倾角的测量偏差取决于加速度计零偏。对于消费级 IMU 来说，如果加速度计零偏小于 $2 \times 10^{-3} g$，则水平倾角的测量精度能够优于 $0.1°$。水平倾角测量过程无法获得方位角，这是因为当地重力加速度的方向被定义为垂直向下，任何沿向下方向的旋转运动都不会影响 IMU 的比力测量结果。更多关于水平倾角测量的细节可以参考文献[5]。

3.4.2 陀螺罗经对准

当 IMU 相对于 n 坐标系静止时，IMU 只敏感地球自转角速度，即沿 e 坐标系 z 轴的旋转角速度。除了在南北两极附近，IMU 的方位角可以通过该旋转运动在 b 坐标系的投影来完成。

当 IMU 静止时，式(3.10)可以简化为

$$\begin{bmatrix} \omega_x^b \\ \omega_y^b \\ \omega_z^b \end{bmatrix} = \omega_{ib}^b = C_n^b \omega_{ie}^n = C_n^b \begin{bmatrix} \Omega\cos L \\ 0 \\ -\Omega\sin L \end{bmatrix} \quad (3.18)$$

式中：Ω 为地球自转角速度的幅值；L 为 IMU 所在地理纬度。

结合式(3.15)和式(3.18)，并且假设横滚角和俯仰角可以在水平倾角测量过程中得到，就可以在已知地理纬度和地球自转角速度的情况下得到 IMU 方位角结果[6]：

$$\psi = \arctan[2(s, c)] \quad (3.19)$$

其中

$$s = \omega_z^b \sin\phi - \omega_y^b \cos\phi$$

$$c = \omega_x^b \cos\theta + \omega_y^b \sin\phi\sin\theta + \omega_z^b \cos\phi\sin\theta$$

需要注意的是,这里也要采用四象限反切函数求取。

陀螺罗经对准获取方位角信息的过程中,需要 IMU 测量地球自转角速度,约为 15(°)/h。通常情况下,只有导航级 IMU 能够实现该数量级的角速度测量,并且可能还需要长时间测量求取均值的方式来抑制传感器噪声和潜在振动的影响。例如,在文献[7]中指出,要想达到 0.23°的方位角估算精度,需要陀螺仪在连续旋转的情况下能够达到 0.2(°)/h 的零偏不稳定性。

陀螺零偏与方位角估算误差之间的关系在文献[1]中有详细的讨论,图 3.3 所示为分析结果。在该模型中,假设 IMU 相对地面是静止的,并且是相对于 n 坐标系的 NED 坐标轴完成对准工作。需要注意的是,方位误差角不仅与陀螺零偏有关,还与当地纬度有关。越接近极点,估计误差越大。在地球上的大多数区域,对于陀螺罗经对准,当陀螺常值零偏小于 0.03(°)/h(非零偏不稳定性)时,能够达到 0.1°的方位角估计误差。

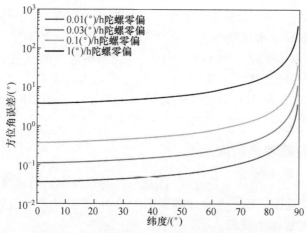

图 3.3 陀螺零偏与方位角估算误差之间的关系
(资料来源:Titterton 与 Weston 的证明结果[1])

3.4.3 磁力计方位角测量

基于陀螺罗经的方位角解算中,需要高性能陀螺仪。因此,在大多数使用战术级和消费级 IMU 的应用过程中,必须使用外部辅助信息,如地球磁场强度。

在磁航向估算中,需要一个三轴磁强计来测量地球磁场的方向和大小。其原理与陀螺仪类似,只是磁力计测量的是地球磁场而不是地球自转角速度。因此,可使用类似的方式来确定方位角,即

$$\psi' = \arctan[2(s,c)] \tag{3.20}$$

其中

$$s = m_z^b \sin\phi - m_y^b \cos\phi$$
$$c = m_x^b \cos\theta + m_y^b \sin\phi\sin\theta + m_z^b \cos\phi\sin\theta \tag{3.21}$$

式中：m_x^b、m_y^b、m_z^b 分别为磁力计沿 b 坐标系 x、y、z 轴测量的磁场强度分量。

因此，方位角可以估算得到：

$$\psi = \psi' + \alpha \tag{3.22}$$

式中：α 为地球磁场的偏航角。

这是由地球磁场轴线与地球旋转转轴不一致造成的。偏航角可以通过预测的方式得到，也可以通过世界磁场模型中查表得到[8]。

磁场估算方位角的缺点也是显而易见的：地球磁场强度容易被扭曲或受各种其他因素的影响，如安装在被测载体上的其他设备、硬磁和软磁干扰及当地的磁场异常。在复杂的电磁环境中，磁场零偏能够达到几度。但是，通过基于扩展卡尔曼滤波的补偿方法来减小估算误差[9]。

3.5 总 结

本章首先简要介绍了捷联式惯性导航系统的基本原理；其次详细介绍了利用 IMU 测量值积分得到导航信息的计算方法，以及初始化方法。相对于 IMU 输出，导航结果是高度非线性的，导航误差的累积也十分复杂，因此有必要分析 IMU 误差与导航误差之间的关系，以便能够根据应用需求选取合适的 IMU。这就是第 4 章要讨论的内容。

参 考 文 献

[1] Titterton, D. and Weston, J. (2004). *Strapdown Inertial Navigation Technology*, 2e, vol. 207. AIAA.

[2] Britting, K. R. (1971). *Inertial Navigation Systems Analysis*. Wiley.

[3] Savage, P. G. (2007). *Strapdown Analytics*, 2e. Maple Plain, MN: Strapdown Associates.

[4] Stieler, B. and Winter, H. (1982). *Gyroscopic Instruments and Their Application to Flight Testing*, AGARD Flight Test Instrumentation Series, vol. 15, No. AGARD-AG-160-VOL-15. Advisory Group for Aerospace Research and Development Neuilly-sur-Seine (FRANCE).

[5] Pedley, M. (2012-2013). Tilt sensing using a three-axis accelerometer. *Freescale semiconductor application note*.

[6] Groves, P. D. (2015). Navigation using inertial sensors [Tutorial]. *IEEE Aerospace and Electronic Systems Magazine* 30(2): 42-69.

[7] Prikhodko, I. P., Zotov, S. A., Trusov, A. A., and Shkel, A. M. (2013). What is MEMS gyrocompassing? Comparative analysis of maytagging and carouseling. *Journal of Microelectromechanical Systems* 22(6):1257-1266.

[8] Chulliat, A., Macmillan, S., Alken, P. et al. (2015). The US/UK World Magnetic Model for 2015-2020.

[9] Guo, P., Qiu, H., Yang, Y., and Ren, Z. (2008). The soft iron and hard iron calibration method using extended Kalman filter for attitude and heading reference system. *2008 IEEE/ION Position, Location and Navigation Symposium(PLANS)*, Monterey, CA, USA(5-8 May 2008).

第 4 章

捷联式惯性导航的导航误差分析

导航精度是惯性导航系统最重要的参数之一,惯性测量单元(inertial measurement unit,IMU)的测量误差与导航误差直接相关。因此,有一些问题是需要回答的:这些误差的特征是什么? 这些误差之间的关联性是什么? 如何根据导航精度的要求确定对 IMU 测量精度的要求? 本章将重点回答上述问题。

本章主要分析捷联式惯性导航系统中 IMU 测量误差与导航误差之间的关系。首先,主要介绍主要误差源的标准术语、起因和特性。其次,介绍用于消除部分 IMU 常值误差的标校技术。最后,推导和分析累积导航误差的具体形式。

4.1 误差源分析

导航误差元主要分为以下 3 类。

(1) IMU 误差。一个 IMU 通常由 3 个加速度计和 3 个陀螺仪相互正交安装而成。因此,IMU 误差由两部分组成:单个惯性传感器的测量误差与装配过程产生的误差。典型的惯性传感器测量误差包括零偏、随机噪声、比例因子误差、冲击和振动引起的误差和温度漂移等。装配误差主要是指惯性传感器与安装框架之间的错位,也是导航系统的主要误差源之一。由于 IMU 误差无法避免,并且是导航过程中的主要误差源,因此本章主要关注 IMU 误差。

(2) 初始校准误差。该误差与系统初始化(初始对准)过程引入的误差有关。常见的误差源有初始位置误差、初始速度误差、初始姿态误差及传感器内部未对准误差。系统的高精度初始对准可以大大减小该误差。该内容已经在第 2 章中做了简要介绍,本章不再赘述。

(3) 数值误差。该误差与数学运算过程中产生的误差有关,如有限差分逼近导数这一类舍入误差。该类误差可以采用适当的算法设计来控制。

4.1.1 惯性传感器误差

图 4.1 所示为惯性传感器输出的常见误差类型。虚线表示理想情况,实线

表示有不同噪声源情况下的输出。需要注意的是,在图4.1(a)中,噪声是随机产生的,并且实线不代表输入输出之间的关系。在图4.1(b)~(f)中,都是确定性误差。本节后续讨论中,只关注惯性传感器的噪声、零偏和比例因子误差。只要选择使用的传感器具备适当的测量范围与分辨率,非线性、死区和量化过程则将不会有主要影响。

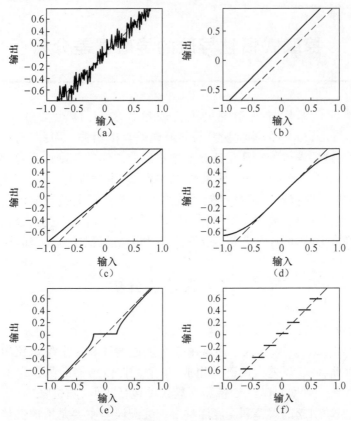

图 4.1 惯性传感器输出的常见误差类型(见彩插)
(a)噪声;(b)零偏;(c)比例因子误差;(d)非线性度;(e)死区;(f)量化。

与惯性传感器测量值中的噪声相比,零偏和比例因子误差相对稳定。因此,在导航工作之前,对这两项误差的校准和补偿相对容易。惯性传感器的测量噪声来源多样,并表现出不同的特性。本节主要简单介绍部分类型噪声,详细的资料可以参考文献[1]。

(1) 量化噪声。量化噪声是一类与模数转换器(analog-to-digital conversion,ADC)有关的噪声。它是由被采样的模拟信号的实际振幅与模数转换器的位分辨率之间的微小差异造成的。该噪声功率谱密度(power spectral density,PSD)为f^2、艾伦方差(Allan deviation,AD)斜率为τ^{-1}(图4.2)[2]。

(2) 角度(速度)随机游走。这类噪声主要是由热机械和热电噪声频率远高于采样频率引起的。该噪声频谱为白噪声频谱,这意味着不同频率强度相同。在 AD 显示曲线的斜率为 $\tau^{-1/2}$。这类噪声会导致导航过程中,角度估值(使用陀螺仪情况下)与速度估值(使用加速度计情况下)有随机游走的现象。

(3) 零偏不稳定性。这类噪声主要是由电子元件易出现随机闪烁的现象引起的。在数据中主要表现为传感器的零偏波动。它的 PSD 为 $1/f$,AD 显示的曲线斜率为 0。

(4) 速率(加速度计)随机游走。这类噪声的来源通常是未知的。它的 PSD 为 $1/f^2$,AD 显示曲线的斜率为 $\tau^{1/2}$。该类噪声的影响可以近似认为是施加在传感器零偏上的白噪声,因此也称"随机游走"。

(5) 速率斜坡。这类误差与温度变化导致输出变化有关。严格地说,漂移率斜率不是一个随机误差,但仍然可以采用类似的方式分析。它的 PSD 为 $1/f^3$,AD 显示曲线的斜率为 τ^{+1}。

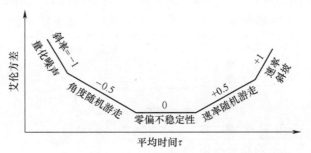

图 4.2 艾伦方差对数形式示意(资料来源:IEEE 标准修订[2])

惯性传感器误差可简单建模为如下形式[3]:

$$\text{output}_i = \text{input}_i + c_i + b_i + \omega_i \tag{4.1}$$

式中:下标 i 为陀螺仪或者加速度计;c 为常值偏离量;b 为游走偏置;w 为传感器宽频噪声。

常值偏离量可能是由开机零偏引起的,并且在传感器使用过程中会一直以常值的形式存在。因此,这部分误差很容易在导航前采用标校技术估算出来。游走偏置也称传感器漂移,通常建模为一阶马尔可夫过程,即可以用标准差(standard deviation,SD)σ_{bias} 和时间常数 τ_c 确定,即

$$b_{k+1} = \left(1 - \frac{\Delta t}{\tau_c}\right) b_k + \sqrt{\frac{2\sigma_{\text{bias}}^2}{\tau_c}} \Delta t \cdot v_k \tag{4.2}$$

式中:Δt 为每次采样的时间步长;v_k 为一个标准高斯分布序列。

需要注意的是,传感器零偏高斯马尔可夫模型中,假设时间常数为无限长。实际应用中,当采用微机电系统(micro-electro-mechanical systems,MEMS)陀螺

仪和加速度计为惯性传感器,采样频率高于100Hz时,时间常数 τ_c 在 10~100s 的数量级。因此,时间常数至少要比 Δt 大 3~4 个数量级。这样,零偏游走可以近似被认为是高斯分布白噪声的累积结果。

宽频带传感器噪声 ω 通常被建模为均值为零的正态分布,采样协方差为

$$E[\omega_2] = \sigma^2 f \tag{4.3}$$

式中:f 为采样频率。

宽频带传感器噪声的 AD 斜率为 $\tau^{1/2}$,它与角度随机游走(angle random walk,ARW)(使用陀螺仪情况下)或速度随机游走(velocity random walk,VRW)(使用加速度计情况下)相对应。如果 $\tau \ll \tau_c$,则 AD 的游走偏置斜率为 $\tau^{1/2}$,与角速率随机游走(使用陀螺仪情况下)或加速度随机游走(使用加速度计情况下)相对应。

陀螺仪的 g 敏感是另一种惯性传感器误差,这是一种陀螺仪对外部加速度的错误测量。陀螺仪的 g 敏感主要是由以下几个因素造成的:外部加速度导致设备变形、器件的不对称结构及器件间不同谐振模式的耦合。因此,MEMS 陀螺仪经常能观察到 g 敏感现象。相反,光学陀螺仪没有这个现象,如环形激光陀螺仪。陀螺仪 g 敏感的幅值可以用 g 敏感矩阵来表示[4]:

$$\begin{bmatrix} \omega_x \\ \omega_y \\ \omega_z \end{bmatrix} = \begin{bmatrix} g_{xx} & g_{xy} & g_{xz} \\ g_{yx} & g_{yy} & g_{yz} \\ g_{zx} & g_{zy} & g_{zz} \end{bmatrix} \begin{bmatrix} a_x \\ a_y \\ a_z \end{bmatrix} \tag{4.4}$$

式中:a_x、a_y、a_z 分别为 IMU 沿 x、y、z 坐标轴测量的比例分量;ω_x、ω_y、ω_z 分别为由 g 敏感引起的测量输出。

通常情况下,对角线元素比非对角线元素高一个数量级。因此,在陀螺仪 g 敏感不占主要地位的情况下,g 敏感矩阵可以简化为对角阵。要注意,g 敏感矩阵不一定是对称矩阵。

4.1.2 安装误差

安装误差是 IMU 误差的主要误差源之一。安装误差主要是由各个惯性传感器装配过程中偏离其共有理想方向而产生的。图 4.3 所示为 IMU 安装误差示意,其中,黑色箭头表示 3 个理想的正交方向 xyz,浅蓝色箭头是惯性传感器安装的实际方向 $x'y'z'$,每个传感器的姿态方向可用两个角度来表示。惯性传感器在 IMU 装配过程中产生的安装偏差,不仅会导致沿某一方向有效比例因子的偏差,还会引起不同坐标轴之间的耦合作用进而造成轴间的交叉干扰。

安装误差可分解为两部分:非正交性误差和失准错位偏差。非正交性误差主要是描述各单轴传感器偏离正交性安装后的三轴指向,是在 IMU 装配过程中引起的。失准错位偏差描述的是加速度计或陀螺仪作为一个整体与理想姿态的偏离量,该项误差是在将 IMU 安装到导航坐标系的过程中产生的。为了更好地说明非正交性误差和失准错位偏差,引入中间参考坐标系 $\tilde{x}\tilde{y}\tilde{z}$,该坐标系三轴正

第4章 捷联式惯性导航的导航误差分析

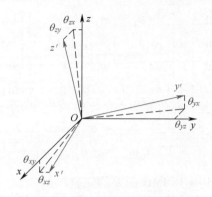

图 4.3 IMU 安装偏差示意（见彩插）

交，$\hat{x}$ 轴与 x' 轴对齐（图 4.4）。图中惯性传感器整体 $x'y'z'$ 与坐标系 $\hat{x}\hat{y}\hat{z}$ 之间的偏差就是非正交性误差，坐标系 $\hat{x}\hat{y}\hat{z}$ 与坐标系 xyz 之间的偏差就是失准错位偏差。至于非正交性误差，y' 坐标轴与 y 坐标轴之间的夹角用变量 α_{yz} 表示，下标的含义是 y 轴相对于 z 轴的旋转量。$\hat{z}$ 轴的非正交性可以通过绕 x 轴旋转 α_{zx} 和绕 y 轴旋转 α_{zy} 来表示。所有的符号在图 4.4 中都有标记。非正交坐标系 $x'y'z'$ 可以表示为

$$\begin{bmatrix} x' \\ y' \\ z' \end{bmatrix} = \begin{bmatrix} 1 & 0 & 0 \\ -\sin\alpha_{yz} & \cos\alpha_{yz} & 0 \\ \sin\alpha_{zy} & -\sin\alpha_{zx}\cos\alpha_{zy} & \cos\alpha_{zx}\cos\alpha_{zy} \end{bmatrix} \begin{bmatrix} \hat{x} \\ \hat{y} \\ \hat{z} \end{bmatrix} \approx \begin{bmatrix} 1 & 0 & 0 \\ -\alpha_{yz} & 1 & 0 \\ \alpha_{zy} & -\alpha_{zx} & 1 \end{bmatrix} \begin{bmatrix} \hat{x} \\ \hat{y} \\ \hat{z} \end{bmatrix}$$

(4.5)

其中，如果非正交角度为小角度，则约等号成立。失准错位偏差可以简单地用旋转变换来描述，即可以用方向余弦矩阵（direction cosine matrix，DCM）来表示。

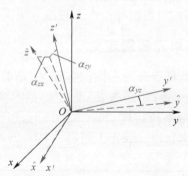

图 4.4 IMU 两个安装偏差要素说明：非正交性误差和失准错位偏差（见彩插）

结合 IMU 的非正交性误差、失准错位偏差、比例因子误差，IMU 的输入输出关系（忽略其他类型误差）可表示为

$$\begin{bmatrix} \text{output}_x \\ \text{output}_y \\ \text{output}_z \end{bmatrix} = \begin{bmatrix} 1+s_x & m_{xy} & m_{xz} \\ m_{yx} & 1+s_y & m_{yz} \\ m_{zx} & m_{zy} & 1+s_z \end{bmatrix} \begin{bmatrix} \text{input}_x \\ \text{input}_y \\ \text{input}_z \end{bmatrix} \quad (4.6)$$

式中:s_x、s_y、s_z 分别为沿 3 个标准方向的比例因子误差;m 为描述失准错位偏差角的各项参数,如果各失准角度为小角度时,有下面的近似关系:

$$\begin{aligned} m_{yx} &\approx -\theta_{yz}, & m_{zx} &\approx \theta_{zy}, & m_{xy} &\approx \theta_{xz}, \\ m_{zy} &\approx -\theta_{zx}, & m_{xz} &\approx -\theta_{xy}, & m_{yz} &\approx \theta_{yx} \end{aligned} \quad (4.7)$$

综上所述,可以得到描述 IMU 误差的完整模型[5]:

$$\begin{bmatrix} y_{Ax} \\ y_{Ay} \\ y_{Az} \end{bmatrix} = \begin{bmatrix} 1+s_{Ax} & m_{Axy} & m_{Axz} \\ m_{Ayx} & 1+s_{Ay} & m_{Ayz} \\ m_{Azx} & m_{Azy} & 1+s_{Az} \end{bmatrix} \begin{bmatrix} A_x \\ A_y \\ A_z \end{bmatrix} + \begin{bmatrix} c_{Ax} \\ c_{Ay} \\ c_{Az} \end{bmatrix} + \begin{bmatrix} b_{Ax} \\ b_{Ay} \\ b_{Az} \end{bmatrix} + \begin{bmatrix} w_{Ax} \\ w_{Ay} \\ w_{Az} \end{bmatrix}$$

$$\begin{bmatrix} y_{Gx} \\ y_{Gy} \\ y_{Gz} \end{bmatrix} = \begin{bmatrix} 1+s_{Gx} & m_{Gxy} & m_{Gxz} \\ m_{Gyx} & 1+s_{Gy} & m_{Gyz} \\ m_{Gzx} & m_{Gzy} & 1+s_{Gz} \end{bmatrix} \begin{bmatrix} G_x \\ G_y \\ G_z \end{bmatrix} + \begin{bmatrix} g_{xx} & g_{xy} & g_{xz} \\ g_{yx} & g_{yy} & g_{yz} \\ g_{zx} & g_{zy} & g_{zz} \end{bmatrix} \begin{bmatrix} A_x \\ A_y \\ A_z \end{bmatrix} + \begin{bmatrix} c_{Gx} \\ c_{Gy} \\ c_{Gz} \end{bmatrix} +$$

$$\begin{bmatrix} b_{Gx} \\ b_{Gy} \\ b_{Gz} \end{bmatrix} + \begin{bmatrix} w_{Gx} \\ w_{Gy} \\ w_{Gz} \end{bmatrix} \quad (4.8)$$

式中:下标 G 表示陀螺仪;下标 A 表示加速度计;其他符号的定义与前文一致。

需要注意的是,在大多数导航应用中,总导航时间不会超过几小时,对导航精度的要求不高。因此,可以认为在整个导航过程中,比例因子误差、IMU 失准偏差和 g 敏感度保持常值不变。也就是说,这些参量可以在到导航前被标校并补偿,即它们对最终导航误差的影响可以被补偿[6]。校准方法将在本章后面讨论。

4.1.3 惯性测量单元等级定义

IMU 可以根据其性能特点分为不同的等级,但是关于等级的划分没有严格的定义,一般可以分为 4 个等级:消费级、工业级、战术级和导航级。最常用的分类标准就是传感器的零偏不稳定性(bias instability,BI)[7],该参量可以通过艾伦方差曲线上的最小值来获得。表 4.1 列出了 IMU 的典型分类方式。

表 4.1 以零偏不稳定性为性能标准对 IMU 分类

等级	加速度计 BI/($10^{-3}g$)	陀螺 BI/((°)/h)	典型应用场景
消费级	>50	>100	消费类电子产品
工业级	1~50	10~100	汽车行业
战术级	0.05~1	0.1~10	短时间导航
导航级	<0.05	<0.01	航空导航

资料来源:Passaro 等[8]、Yazdi 等[9]。

4.1.3.1 消费级

最低级别的惯性传感器通常被称为消费级传感器。由于其高噪声特点,消费级惯性传感器通常作为单独的加速度计和陀螺仪出售,而不是以完整的 IMU 形式出售。然而,随着更多以 MEMS 为基础的高性能设备陆续出现在市场上,上述情形不断改变。在无外传感器辅助的消费级 IMU 导航过程中,位置误差通常在几秒内就能超过 1m。消费级惯性传感器通常应用在消费电子产品中,如智能手机、平板电脑、游戏控制器和娱乐设备等。大多数消费级惯性传感器是采用基于光刻技术来完成 MEMS 制造的,因此批量生产的成本较低。

4.1.3.2 工业级

与消费级惯性传感器相比,工业级惯性传感器具有相近或更好的噪声性能,但有更好的标校环节。由于工业级惯性传感器性能相对较差,工业级 IMU 通常需要其他传感器辅助,完成相关导航任务,如磁力计、气压计等。通常采用估计方法来完成多数据源的融合计算,如扩展卡尔曼滤波(extended Kalman filter,EKF)。工业级 IMU 的典型应用包括航姿参考系统(attitude and heading reference system,AHRS)、汽车应用,如防抱死制动系统(anti-lock braking system,ABS)、主动悬挂系统、安全气囊和辅助行人航位推算系统。工业级惯性传感器一般采用 MEMS 技术制造。

4.1.3.3 战术级

战术级 IMU 具有姿态测量的能力,测量误差在可接受范围内,能够完成短时间导航。对于捷联式惯性导航系统,30s 的导航精度在米级。通过与全球定位系统组合可以实现厘米级的导航精度[10]。战术级惯性传感器可以采用 MEMS、光纤陀螺仪(fiber optic gyroscope,FOG)和环形激光陀螺仪(ring laser gyroscope,RLG)技术来制造。

4.1.3.4 导航级

导航级 IMU 是一类有广泛用途的高性能传感器,可用于航空导航,其定位误差优于 1n mile/h。性能高于导航级的传感器也可应用在上述领域中,但通常只考虑应用在非常专业的领域,如潜艇导航。此类高性能 IMU 价格超过 100 万美元,它们可以在没有任何辅助设备的情况下,具备误差不超过 1n mile/24h 的导航能力。导航级和高于导航级的惯性传感器需采用 RLG 和精密加工技术制造。

表 4.2 总结了部分商业级 IMU 及其性能。

表 4.2 部分商业级 IMU 及其性能总结

公司	产品名称	ARW/$((°)/\sqrt{h})$	陀螺 BI/$((°)/h)$	VRW/$(10^{-6}g/\sqrt{Hz})$	加速度计 BI/$(10^{-6}g)$	尺寸	级别
博世（Bosch）	BMI160	0.42	252[①]	180	1800[a)]	6.0mm^3	消费级
意法半导体（StMicroelectronics）	ISM330DLC	0.228	270[①]	75	1800[①]	6.225mm^3	消费级
TDK应美盛（TDK InvenSense）	ICM-42605	0.228	136.8[①]	70	700[①]	6.825mm^3	工业级
亚德诺半导体（Analog Devices）	ADI16495	0.12	0.8	13.6	3.2	29cm^3	战术级
霍尼韦尔（Honeywell）	HG1930	<0.06	0.25	<51.8	20	82cm^3	战术级
唐纳（Systron Donner）	SDI500	<0.02	1	100	100	310cm^3	战术级
诺思罗普·格鲁曼（Northrop Grumman）	LN-200S	<0.07	1	35	300	570cm^3	战术级
赛峰（Safran）	PRIMUS 400	<0.002	<0.01	<60	<1000	520cm^3	导航级
霍尼韦尔（Honeywell）	HG9900	<0.002	<0.003	—[②]	<10	1700cm^3	导航级
GEM（GEM elettronica）	IMU-3000	0.0008	0.002	—[②]	<40	—[②]	导航级

注：①数值由总 RMS 噪声计算；
②数据不详。

资料来源：Bosch，StMicroelectronics，TDK InvenSense，Analog Devices，Honeywell，Systron Donner，Northrop Grumman，Safran，Honeywell，GEM elettronica[11-20]。

4.2 惯性测量单元误差抑制

4.2.1 六位置标定

这节主要讨论 IMU 标校技术,这样就可以补偿 IMU 不随时间变化的误差参量,如常值漂移、比例因子误差、非正交性和陀螺 g 敏感性误差。

六位置静态测试和速率测试是加速度计和陀螺仪的常用标校准技术。该过程要求 IMU 的一个轴与当地导航坐标系重合,然后各坐标轴交替指上/指下并采集数据。因此,整个标定过程中涉及 6 个不同的位置。如果只考虑常值偏差 c 和比例因子误差 s,测量结果则可表示为

$$y^{\text{up}} = (1+s)x + c \\ y^{\text{down}} = -(1+s)x + c \tag{4.9}$$

式中:y^{up} 和 y^{down} 分别为测量轴朝上和朝下两个位置的传感器测量值;x 为实际测量输入值,在加速度计和陀螺仪测量的情况下,x 分别表示当地重力加速度或地球自转角速率。

对于低成本 MEMS IMU 来说,其噪声水平与地球自转角速度相当,甚至更高,此时可利用转台产生一个稳定且恒定的旋转角速率作为陀螺仪的输入。恒定偏差和比例因子误差可以通过以下方式获得:

$$c = \frac{1}{2}(y^{\text{up}} + y^{\text{down}}) \\ s = \frac{1}{2x}(y^{\text{up}} - y^{\text{down}}) - 1 \tag{4.10}$$

需要注意的是,比例因子误差 s 由实际的测量输入 x 来确定。因此,需要一个准确的加速度和旋转角速度作为外部参考。完整的 IMU 误差模型参量都可以在 6 位置标校测试中完成,包括非正交性、陀螺仪 g 敏感性等误差参量。在该测试流程中,可采用最小二乘法来计算各模型误差参数。六位置标校的精度取决于 IMU 与本地水平坐标系的重合度。为了获得更高的标校精度,通常使用一个标准的立方体安装框架[21]。

4.2.2 多位置标校

为避开 IMU 标校过程中精确对准这一环节,可采用多位置校准方法[22]。该方法中,不需要 IMU 与重力加速度方向精确对准,因此整个过程更容易在现场实施。

在多位置校准方法中,IMU 沿不同的方向被静止放置,并实时采集读数。在六位置校准方法中,6 个位置是事先确定的,多位置标校的 IMU 方向可以随机

选择。但是,至少要沿 9 个不同的方向做标校测量,以免在后续的数据处理中出现奇异值现象。后续数据处理过程的核心思想是使拟合后的 IMU 误差参数,即测量信号的幅值与外参考基准相等。对于加速度计来说,外部参考基准是当地重力加速度;对于陀螺仪来说,外部参考基准是地球自转角速度。这些参量可以通过迭代加权最小二乘法获得[23]。如果 IMU 噪声水平太高,导致无法敏感到地球自转角速度,则可以由转台产生的旋转运动作为参考来代替外部基准[21]。

4.3　误差累积分析

前面提到,对于捷联式惯性导航中,导航误差累积增大。但很多问题都没有明确答案,例如:误差的累积速度是多少? 导航过程中的主要误差源是什么? 本节重点讨论捷联式惯性导航的主要误差源,并介绍基于 n 坐标系导航的系统误差模型。

4.3.1　二维导航误差传播

4.1 节介绍了惯性传感器的部分主要误差。本节将研究上述误差在导航过程中是如何传播的,以及它们如何影响最终的导航结果。我们从讨论 i 坐标系下 $x-z$ 平面的误差传播模型开始(图 4.5)。简单起见,忽略由于地球自转和被测物体运动产生的科里奥利加速度,并假设当地重力加速度矢量为常值。

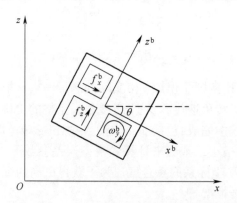

图 4.5　固定坐标系下二维平面捷联式惯性导航系统,
包括两个加速度计和一个陀螺仪

对导航系统机械编排的数学描述可写成如下形式:

$$\dot{v}_x^i = f_x^i = f_x^b \cos\theta + f_z^b \sin\theta \tag{4.11}$$

$$\dot{v}_z^i = f_z^i - g = -f_x^b \sin\theta + f_z^b \cos\theta - g \tag{4.12}$$

$$\dot{\theta} = \omega_y^b, \quad \dot{x}^i = v_x^i, \quad \dot{z}^i = v_z^i \tag{4.13}$$

第4章 捷联式惯性导航的导航误差分析

对式(4.11)~式(4.13)求偏导可得到误差传播方程,为

$$\delta \dot{v}_x^i = \delta f_x^b \cos\theta + \delta f_z^b \sin\theta - f_x^b \sin\theta \delta\theta + f_z^b \cos\theta \delta\theta = \delta f_x^b \cos\theta + \delta f_z^b \sin\theta + f_z^i \delta\theta \tag{4.14}$$

$$\delta \dot{v}_z^i = -\delta f_x^b \sin\theta + \delta f_z^b \cos\theta - f_x^b \sin\theta \delta\theta - f_z^b \cos\theta \delta\theta = -\delta f_x^b \sin\theta + \delta f_z^b \cos\theta - f_x^i \delta\theta \tag{4.15}$$

$$\delta\dot{\theta} = \delta\omega_y^b, \quad \delta\dot{x}^i = \delta v_x^i, \quad \delta\dot{z}^i = \delta v_z^i \tag{4.16}$$

上述方程式关于各误差项的线性方程,因此可以单独分析各误差源的影响,对导航结果的最终影响是各项总和。首先,分析一些常见确定性误差的影响,例如,固定的陀螺漂移误差 $\delta\omega_y^b$。从式(4.16)第一项可以计算得到 $\delta\theta = \delta\omega_y^b \cdot t$,接下来,把 $\delta\theta$ 代入式(4.14)中,可以得到 $\delta v_x^i = \frac{1}{2}\delta\omega_y^b f_z^i \cdot t^2$。最后,将式(4.16)的第二项 $\delta\dot{x}^i$ 代入,沿 x 轴的导航误差可表示为

$$\delta x^i = \frac{1}{6}\delta\omega_y^b f_z^i \cdot t^3 \tag{4.17}$$

同样,沿 z 轴的导航误差可表示为

$$\delta z^i = -\frac{1}{6}\delta\omega_y^b f_x^i \cdot t^3 \tag{4.18}$$

表4.3列出了沿二维方向确定性误差与估算位置误差之间的关系。需要注意的是,在实际导航应用中,上述误差会由于载体坐标系的旋转而相互耦合,严格的误差估算要比表中列出参数项复杂得多。但是,表4.3给出了导航过程中不同误差源的传播情况。例如,由陀螺零偏引起的位置误差累积系数为 t^3,而由加速度计零偏引起的位置误差累积系数为 t^2,这说明对于长时间导航,陀螺仪零偏比加速度计零偏的影响大。

表4.3 沿二维方向确定性误差与估算位置误差之间的关系

确定性误差源		位置估算误差	
		沿 x 轴	沿 z 轴
初始位置误差	δx_0	δx_0	0
	δz_0	0	δz_0
初始速度误差	δv_{x0}	$\delta v_{x0} \cdot t$	0
	δv_{z0}	0	$\delta v_{z0} \cdot t$
初始姿态误差	$\delta\theta_0$	$\frac{1}{2}\delta\theta_0 f_z^i \cdot t^2$	$-\frac{1}{2}\delta\theta_0 f_x^i \cdot t^2$
加速度计零偏	δf_x^b	$\frac{1}{2}\delta f_x^b \cos\theta \cdot t^2$	$-\frac{1}{2}\delta f_x^b \sin\theta \cdot t^2$
	δf_z^b	$\frac{1}{2}\delta f_z^b \sin\theta \cdot t^2$	$\frac{1}{2}\delta f_z^b \cos\theta \cdot t^2$

续表

确定性误差源		位置估算误差	
		沿 x 轴	沿 z 轴
陀螺仪零偏	$\delta\omega_y^b$	$-\dfrac{1}{6}\delta\omega_y^b f_x^i \cdot t^3$	$-\dfrac{1}{6}\delta\omega_y^b f_x^i \cdot t^3$

接下来,讨论一些常见随机误差的影响。由于误差源的随机性,无法得到位置误差与误差源振幅的确定性数学关系。然而,导航误差的方差是由误差源的幅值决定的,因此可以从这个角度进一步研究。例如,在 ARW 的情况下,连续传感器误差信号 $\varepsilon(t)$ 可以表示为零均值、均匀分布、不相关的随机变量 N_i,有限方差为 σ^2[24]。因此,误差的积分可以表示为随机序列求和:

$$I_1 = \int_0^t \varepsilon(\tau)\mathrm{d}\tau = \delta t \sum_{i=1}^n N_i \tag{4.19}$$

式中:δt 为连续采样的时间间隔,且 $t = n\delta t$。

因此,可以得到对 I_1 积分的均值和方差:

$$E[I_1] = E\left[\delta t \sum_{i=1}^n N_i\right] = \delta t \sum_{i=1}^n E[N_i] = 0 \tag{4.20}$$

$$\mathrm{Var}[I_1] = \mathrm{Var}\left[\delta t \sum_{i=1}^n N_i\right] = \delta t^2 \sum_{i=1}^n \mathrm{Var}[N_i] = \delta t \cdot t \cdot \sigma^2 \tag{4.21}$$

从上面两个方程可以看出,ARW 在角度估计中引入了一个零均值误差,SD 为

$$\sigma_\theta(t) = \sqrt{\mathrm{Var}[I]} = \sigma \cdot \sqrt{\delta t \cdot t} \tag{4.22}$$

由于 ARW 的定义为 $\sigma_\theta(1) = \sigma \cdot \sqrt{\delta t \cdot t}$,因此有

$$\sigma_\theta(t) = \mathrm{ARW} \cdot \sqrt{t} \tag{4.23}$$

式(4.23)可以看出,由 ARW 引起的捷联导航角度估算中的 SD 以 $t^{1/2}$ 传播。这样,沿 x 轴的位置估计误差可以表示为

$$I_3 = \int_0^t \int_0^t f_z^i \int_0^t \varepsilon(\tau)\mathrm{d}\tau\mathrm{d}\tau\mathrm{d}\tau = f_z^i \delta t^3 \sum_{i=1}^n \sum_{i=1}^n \sum_{i=1}^n N_i = f_z^i \delta t^3 \sum_{i=1}^n \frac{i(i+1)}{2} N_{n-i+1} \tag{4.24}$$

同样,积分后的均值和方差可以计算得到

$$E[I_3] = f_z^i \delta t^3 \sum_{i=1}^n E\left[\frac{i(i+1)}{2} N_{n-i+1}\right] = 0 \tag{4.25}$$

$$\mathrm{Var}[I_3] = (f_z^i)^2 \delta t^6 \sum_{i=1}^n E\left[\frac{i(i+1)}{2}\right]^2 \mathrm{Var}[N_{n-i+1}] \approx \frac{1}{20}(f_z^i)^2 \cdot \delta t \cdot t^5 \cdot \sigma^2 \tag{4.26}$$

因此,位置估计的误差 SD 为

$$\sigma_{px}(t) = \frac{\sqrt{5}}{10} f_z^i \cdot \mathrm{ARW} \cdot t^{5/2} \tag{4.27}$$

对 VRW、速率随机游走(rate random walk,RRW)、加速度计随机游走(accelerometer random walk,AcRW)也可以采用类似的分析方法,分析结果总结在表 4.4 中。注意,表 4.4 中的数值只是定性描述不同误差源对位置误差的影响。在实际导航应用中,趋势是相同的,但数值关系会有所不同。

表 4.4 随机误差对二维捷联式惯性导航中位置误差传播影响

随机误差源	位置误差 SD	
	沿 x 轴	沿 y 轴
ARW	$\frac{\sqrt{5}}{10} f_z^i \cdot \mathrm{ARW} \cdot t^{5/2}$	$\frac{\sqrt{5}}{10} f_x^i \cdot \mathrm{ARW} \cdot t^{5/2}$
VRW	$\frac{\sqrt{3}}{3} \mathrm{VRW} \cdot t^{3/2}$	$\frac{\sqrt{3}}{3} \mathrm{VRW} \cdot t^{3/2}$
RRW	$\frac{\sqrt{7}}{42} f_z^i \cdot \mathrm{RRW} \cdot t^{7/2}$	$\frac{\sqrt{7}}{42} f_x^i \cdot \mathrm{RRW} \cdot t^{7/2}$
AcRW	$\frac{\sqrt{5}}{10} \mathrm{AcRW} \cdot t^{5/2}$	$\frac{\sqrt{5}}{10} \mathrm{AcRW} \cdot t^{5/2}$

4.3.2 导航坐标系下的误差传播

在三维导航坐标系下的误差传播方程,可以通过求导式(3.9)和式(3.13)得到。求导过程中忽略高阶项,并且假设导航误差与真实值相比较小。然而,导航过程中的运动动力学是复杂且未知的,因此无法得到误差估计的准确表达式。下面给出了结论,推导过程等更多细节可以参考文献[25]:

$$\delta \dot{\boldsymbol{\phi}} \approx -\boldsymbol{\Omega}_{\mathrm{in}}^{\mathrm{n}} \delta \boldsymbol{\phi} + \delta \boldsymbol{\omega}_{\mathrm{in}}^{\mathrm{n}} - \boldsymbol{C}_{\mathrm{b}}^{\mathrm{n}} \delta \boldsymbol{\omega}_{\mathrm{ib}}^{\mathrm{n}} \tag{4.28}$$

$$\delta \dot{\boldsymbol{v}} \approx [\boldsymbol{f}^{\mathrm{n}} \times] \delta \boldsymbol{\phi} + \boldsymbol{C}_{\mathrm{b}}^{\mathrm{n}} \delta \boldsymbol{f}^{\mathrm{b}} - (2\boldsymbol{\omega}_{\mathrm{ie}}^{\mathrm{n}} + \boldsymbol{\omega}_{\mathrm{en}}^{\mathrm{n}}) \times \delta \boldsymbol{v} - (2\delta\boldsymbol{\omega}_{\mathrm{ie}}^{\mathrm{n}} + \delta\boldsymbol{\omega}_{\mathrm{en}}^{\mathrm{n}}) \times \boldsymbol{v} - \delta \boldsymbol{g} \tag{4.29}$$

$$\delta \dot{\boldsymbol{p}} = \delta \boldsymbol{v} \tag{4.30}$$

式中:$\delta\boldsymbol{\phi}$ 为横滚角、俯仰角和方位角的姿态估计误差;$\delta\boldsymbol{v}$ 为 n 坐标系的速度估计误差;$\delta\boldsymbol{p}$ 为位置估计误差。

上述方程可写成状态空间描述方式:

$$\frac{\mathrm{d}}{\mathrm{d}t}\begin{bmatrix}\delta\boldsymbol{\phi}\\ \delta\boldsymbol{v}\\ \delta\boldsymbol{p}\\ \boldsymbol{b}_{\mathrm{g}}^{\mathrm{b}}\\ \boldsymbol{b}_{\mathrm{a}}^{\mathrm{b}}\end{bmatrix}=\begin{bmatrix}-[\boldsymbol{\omega}_{\mathrm{in}}^{\mathrm{n}}\times] & F_{\delta\boldsymbol{v}}^{\delta\dot{\boldsymbol{\theta}}} & 0 & -\boldsymbol{C}_{\mathrm{b}}^{\mathrm{n}} & 0\\ [\boldsymbol{f}^{\mathrm{n}}\times] & C_1 & C_2 & 0 & \boldsymbol{C}_{\mathrm{b}}^{\mathrm{n}}\\ 0 & I & 0 & 0 & 0\\ 0 & 0 & 0 & 0 & 0\\ 0 & 0 & 0 & 0 & 0\end{bmatrix}\begin{bmatrix}\delta\boldsymbol{\phi}\\ \delta\boldsymbol{v}\\ \delta\boldsymbol{p}\\ \boldsymbol{b}_{\mathrm{g}}^{\mathrm{b}}\\ \boldsymbol{b}_{\mathrm{a}}^{\mathrm{b}}\end{bmatrix}+\begin{bmatrix}\boldsymbol{C}_{\mathrm{b}}^{\mathrm{n}}\cdot\varepsilon_{\mathrm{ARW}}\\ \boldsymbol{C}_{\mathrm{b}}^{\mathrm{n}}\cdot\varepsilon_{\mathrm{VRW}}\\ 0\\ \varepsilon_{\mathrm{RRW}}\\ \varepsilon_{\mathrm{AcRW}}\end{bmatrix}$$

(4.31)

式中:$\boldsymbol{b}_{\mathrm{g}}^{\mathrm{b}}$ 为沿 b 坐标系的陀螺零偏;$\boldsymbol{b}_{\mathrm{a}}^{\mathrm{b}}$ 为沿 b 坐标系的加速度计零偏;$\varepsilon_{\mathrm{ARW}}$ 为

陀螺 ARW；ε_{VRW} 为加速度计 VRW；ε_{RRW} 与 ε_{AcRW} 分别为零偏 b_g^b、b_a^b 的一阶马尔可夫过程的噪声项，即 RRW 和 AcRW；C_1、C_2 为与地球自转和相对运动速率引起的科里奥利效应相关参数项，对应式（4.29）右边的第三项和第四项；$F_{\delta v}^{\delta \dot{\theta}}$ 为与传输速率有关的转换矩阵，具体形式为

$$F_{\delta v}^{\delta \dot{\theta}} = \frac{1}{R}\begin{bmatrix} 0 & 1 & 0 \\ -1 & 0 & 0 \\ 0 & -\tan L & 0 \end{bmatrix} \tag{4.32}$$

其中：R 为地球半径；L 为系统所在地理纬度。

图 4.6 展示了不同等级 IMU 传感器的导航误差仿真结果。模拟运动轨迹是朝北的直线。对于消费级 IMU（陀螺仪 BI>100(°)/h，加速度计 BI>50 10^{-3} g），导航误差在 10s 内增加到 10m；对于导航级 IMU（陀螺仪 BI<0.01(°)/h，加速度计 BI<0.05 10^{-3}g），导航误差在 1000s 内增加到 70m，等价换算为 1n mile/h，并且位置误差的增长速度会随导航时间的变长而增大。因此，可以得出结论，要想实现长时间惯性导航，或者说在 IMU 相对性能较低的情况下获得相对精度较高的导航结果，需要引入辅助技术。

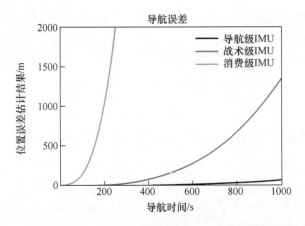

图 4.6　不同等级 IMU 传感器的导航误差仿真结果

4.4　总　　结

本章主要介绍了捷联式惯性导航误差分析。首先，介绍了惯性传感器误差和 IMU 装配误差，并对其进行建模。其次，介绍了导航误差抑制的主要方法之一——IMU 标校技术。再次，介绍了导航误差的传播形式，即如何从传感器误差传播到导航误差。最后，对不同等级 IMU，给出了导航误差与导航时间的函数关系，结果表明对使用消费级或战术级 IMU 进行行人惯性导航时，辅助技术

是必要的。本书的后续章节中,将重点介绍和分析不同的辅助技术。

参 考 文 献

[1] El-Sheimy, N., Hou, H., and Niu, X. (2008). Analysis and modeling of inertial sensors using Allan variance. *IEEE Transactions on Instrumentation and Measurement* 57 (1): 140-149.

[2] IEEE Std 962-1997 (R2003) (2003). *Standard Specification Format Guide and Test Procedure for Single-Axis Interferometric Fiber Optic Gyros*, Annex C. IEEE.

[3] Flenniken, W. S., Wall, J. H., and Bevly, D. M. (2005). Characterization of various IMU error sources and the effect on navigation performance. *ION GNSS*, Long Beach, CA, USA (13-16 September 2005).

[4] Bancroft, J. B. and Lachapelle, G. (2012). Estimating MEMS gyroscope g-sensitivity errors in foot mounted navigation. *IEEE Ubiquitous Positioning, Indoor Navigation, and Location Based Service (UPINLBS)*, Helsinki, Finland (3-4 October 2012).

[5] Hayal, A. G. (2010). Static Calibration of Tactical Grade Inertial Measurement Units. *Report No. 496*. Columbus, OH: The Ohio State University.

[6] Poddar, S., Kumar, V., and Kumar, A. (2017). A comprehensive overview of inertial sensor calibration techniques. *Journal of Dynamic Systems, Measurement, and Control* 139 (1): 011006.

[7] Lefevre, H. C. (2014). *The Fiber-Optic Gyroscope*, 2e. Artech House.

[8] Passaro, V., Cuccovillo, A., Vaiani, L. et al. (2017). Gyroscope technology and applications: a review in the industrial perspective. *Sensors* 17 (10): 2284.

[9] Yazdi, N., Ayazi, F., and Najafi, K. (1998). Micromachined inertial sensors. *Proceedings of the IEEE* 86 (8): 1640-1659.

[10] Petovello, M. G., Cannon, M. E., and Lachapelle, G. (2004). Benefits of using a tactical-grade IMU for high-accuracy positioning. *Navigation* 51 (1): 1-12.

[11] Bosch (2020). BMI160 Datasheet. https://ae-bst.resource.bosch.com/media/_tech/media/datasheets/BST-BMI160-DS000.pdf (accessed 08 March 2021).

[12] StMicroelectronics (2018). ISM330DLC Datasheet. https://www.st.com/resource/en/datasheet/ism330dlc.pdf (accessed 08 March 2021).

[13] InvenSense (2020). ICM-42605 Datasheet. http://www.invensense.com/wp-content/uploads/2019/04/DS-ICM-42605v1-2.pdf (accessed 08 March 2021).

[14] Analog Devices (2020). ADI16495 Datasheet. https://www.analog.com/media/en/technical-documentation/data-sheets/ADIS16495.pdf (accessed 08 March 2021).

[15] Honeywell (2020). HG1930 Datasheet. https://aerospace.honeywell.com/en/~/media/aerospace/files/brochures/n61-1637-000-000-hg1930inertialmeasurementunit-bro.pdf (accessed 08 March 2021).

[16] Systron Donner (2020). SDI500 Datasheet. https://www.systron.com/sites/default/files/965755_m_sdi500_brochure_0.pdf (accessed 08 March 2021).

[17] Northrop Grumman (2013). LN-200S Datasheet. https://www.northropgrumman.com/Capabilities/LN200sInertial/Documents/LN200S.pdf (accessed 08 March 2021).

[18] Safran (2016). PRIMUS 400 Datasheet. https://www.safran-electronics-defense.com/security/navigation-systems (accessed 08 March 2021).

[19] Honeywell (2018). HG9900 Datasheet. https://aerospace.honeywell.com/en/~/media/aerospace/files/brochures/n61-1638-000-000-hg9900inertialmeasurementunit-bro.pdf (accessed 08 March 2021).

[20] GEM elettronica (2020). IMU-3000 Datasheet. http://www.gemrad.com/imu-3000/ (accessed 08 March 2021).

[21] Syed, Z. F., Aggarwal, P., Goodall, C. et al. (2007). A new multi-position calibration method for MEMS inertial navigation systems. *Measurement Science and Technology* 18 (7): 1897-1907.

[22] Shin, E.-H. and El-Sheimy, N. (2002). A new calibration method for strapdown inertial navigation systems. *Journal for Geodesy, Geoinformation and Land Management* 127: 1-10.

[23] Krakiwsky, E. J. (1990). The Method of Least Squares: A Synthesis of Advances. *Lecture notes*, *UCGE Reports 10003*. University of Calgary.

[24] Woodman, O. J. (2007). An Introduction to Inertial Navigation. *No. UCAM-CL-TR-696*. University of Cambridge, Computer Laboratory.

[25] Titterton, D. and Weston, J. (2004). *Strapdown Inertial Navigation Technology*, 2e, vol. 207. AIAA.

第 5 章

零速校正辅助行人惯性导航技术

正如第 4 章讨论,捷联式惯性导航的导航误差随时间的多项式累积发散,而目前的惯性测量单元(inertial measurement unit,IMU)无法达到满足行人惯性导航性能需求(图 5.1)。因此,需要引入辅助技术来抑制导航误差的增长。本章将重点讨论行人惯性导航的全自主辅助技术,该类技术不仅可以抑制捷联式惯性导航的导航误差传播,同时还可以使整个系统与外部环境保持独立。

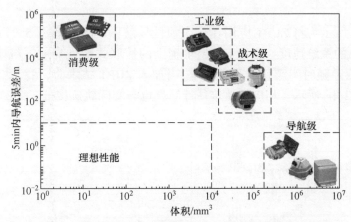

图 5.1 不同等级 IMU 体积与 5min 内导航误差之间的关系
图中左下角的虚线表示行人惯性导航的理想性能需求,也是辅助技术引入需达到的目标。

一般的惯性导航应用场景中,系统的运动是无法预测的。而在行人惯性导航中,系统具有运动特征可观察的特点,并且这些运动特征通常是基于人类步态的动力学特征且有周期性的。因此,可以利用人类步态周期中的已知特征或运动学关系完成导航漂移误差补偿。例如,相关学者已经证明,人类行走的步长与步态频率[1]、行走过程的垂向加速度[2]和两个大腿之间的开角[3]有关。此外,当脚踏在地上时,行走运动就会周期性地回归到静止状态,这一特征信息也可用于抑制导航误差的传播。

本章将开始重点关注行人惯性导航,而不是笼统的惯性导航应用。行人惯性导航中,最常用的辅助技术就是零速校正(zero-velocity update, ZUPT)技术。本章将依次讨论行人惯性导航的基本概念、导航算法、硬件实现及参数选择。

5.1 零速校正概述

在行人惯性导航中,IMU可以安装在身体的不同部位,如脚、大腿、小腿、腰部、肩部和头部,以利用相应部位的运动特征。在所有提到的安装位置中,脚是最常用的,因为脚在行走过程中运动简单。在一个行走周期的站立阶段,脚会周期性地返回地面,处于静止状态。静止状态可以用来限制长时间导航的速度和角速率漂移,从而大大减小导航误差。最常用的校正算法是ZUPT算法。该算法利用脚接触地面时的静止状态(站立阶段),采用零速度信息来补偿导航误差。在实际应用过程中,IMU被固定在脚上,用来检测足部站立阶段和完成导航任务。每当IMU检测到处于站立阶段时,足部的零速度信息将作为伪测量量输入系统,补偿IMU偏差和导航误差,从而减少系统中的导航误差增长。可见,能够获得速度的伪观测量是ZUPT的主要优点之一,否则无法仅凭IMU观测到此类信息。

图5.2所示为将ZUPT应用在行人惯性导航中的效果。图5.2(a)所示为沿北向估算的系统速度。在没有ZUPT辅助的捷联式惯性导航系统中,速度会由于IMU误差随时间漂移增长。但是,当加入ZUPT技术时,估算速度在零附近,如图5.2(b)所示。相应的轨迹估计结果也与实际轨迹接近,呈"8"字形。

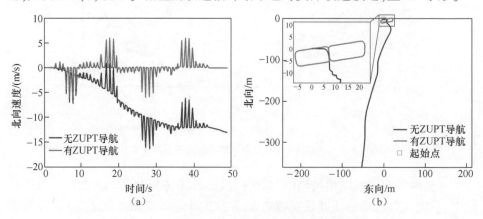

图5.2 有无ZUPT辅助导航下的北向速度估计与轨迹估计结果
(资料来源:OpenShoe数据[4],见彩插)
(a)北向速度;(b)轨迹

零速校正方法的优点包括以下几方面。
(1) 只需要一个IMU同时满足步态检测与惯性导航,而不需要额外的传感器。因此,ZUPT 辅助的行人惯性导航硬件实现简单。

(2) 系统采用的算法是扩展卡尔曼滤波(extended kalman filter, EKF),该算法是线性系统的理想估算方法,且计算量小。因此,该算法可以在小型化硬件系统上实现。

(3) EKF 能够估计导航误差和 IMU 误差,不仅可以用来补偿 IMU 的原始输出数据,还可以进一步提高最终导航精度。

文献[5-7]是最早出现 ZUPT 算法的概念、实施方式和试验结果的文献,更多关于该算法和实施过程的细节可参考文献[8]。许多相关领域的学者在系统实现、性能描述、系统局限性、IMU 性能与导航误差的关系等方面展开研究[9-12]。

ZUPT 辅助导航算法中,有两个关键部分:行人站立姿态检测器和脚步运动的伪测量量。

站立姿态检测器主要是用来检测当前时刻是否满足足部静止在地面的状态。从数学的角度来说,站立姿态检测器可以被描述为一个二元假设检验问题[13]。可以采用广义似然比检验(generalized likelihood ratio test, GLRT)来设计检测器。可以对站立阶段 IMU 读数的特征做不同的假设,并据此设计不同的检测器。最简单的检测器称为加速度移动方差检测器,当一段时间的加速度计测量值的方差足够小,则认为是站立姿态[11]。同样地,加速度计读数的变化量可以直接作为一个指标参量[8]。另一类站立姿态检测器称为加速度幅值检测器,即如果加速度计测量比力的幅值接近重力加速度,则认为该时刻 IMU 是静止的[14]。陀螺仪输出也可以用于站立姿态检测,如果陀螺仪读数的均方根较小,则检测器认为该时刻处于站立阶段[15]。站立假设最优检测器(stance hypothesis optimal detector, SHOE)是一类应用更广泛的检测器,该检测器是加速度计幅值检测器与角速率能量检测器的优化组合,即同时利用加速度计和陀螺仪的测量输出数据[16]。研究表明,SHOE 检测器性能略优于角速率能量检测器,而加速度移动方差检测器与加速度幅值检测器的性能不如前两者[13]。

在确定了站立阶段后,该阶段内的脚部运动的伪测量量作为观测量输入 EKF,文献中已经研究了不同类型的伪测量量。最常用的伪测量量是零速度信息,即系统的速度被直接设置为 0。该伪观测量与线性系统模型直接相关,且系统中不需要额外参数[17]。有学者提出了采用更复杂的数学模型来模拟足部站立阶段的运动模型。例如,在文献[18]中,假设在站立阶段,脚以脚趾附近为支点做纯旋转运动,在该模型中,站立阶段的旋转角速度可以从陀螺仪的读数中获取,而 IMU 和支点之间的距离可以手动测量或调整。在站立阶段使用旋转伪测量方法导航精度更高,但随之付出的代价是要采用非线性模型及更多的参数。零角速率校正(zero-angular-rate-update, ZARU)是为了解决上述问题的又一个方法,即以足部的零角速率作为站立阶段的伪测量量[19]。ZARU 可以提高系方位角的可观测性,但该方法只能在被测试人员完全站立不动时才能准确测量[7]。

5.2 零速校正算法

5.2.1 扩展卡尔曼滤波

卡尔曼滤波作为时间序列最优估计方法被广泛应用在各个领域,如信号处理、导航和运动规划等。它是具有加性独立白噪声线性系统的最优线性估计器[20]。卡尔曼滤波器将系统不同的量测量与它们的量测不确定性关联起来,并完成对系统未知状态量的估计,其估算结果比任何单一测量结果更精确。然而,在现实生活中,大多数系统是非线性的。EKF 则可以将非线性系统线性化,再估算当前状态量的均值与方差。

EKF 的估算前提是建立系统的离散状态转移模型与量测模型,即

$$\begin{aligned} \boldsymbol{x}_k &= \boldsymbol{f}(\boldsymbol{x}_{k-1}, \boldsymbol{u}_k) + \boldsymbol{v}_k \\ \boldsymbol{z}_k &= \boldsymbol{h}(\boldsymbol{x}_k) + \boldsymbol{w}_k \end{aligned} \tag{5.1}$$

式中:k 为采样时刻;$\boldsymbol{f}(\cdot)$ 为状态转移函数;$\boldsymbol{h}(\cdot)$ 为量测函数;$\boldsymbol{x}_k$ 为系统状态量;$\boldsymbol{u}_k$ 为控制输入;$\boldsymbol{z}_k$ 为量测量;$\boldsymbol{v}_k$ 为过程噪声;$\boldsymbol{w}_k$ 为量测噪声。$\boldsymbol{v}_k$ 和 $\boldsymbol{w}_k$ 均为零均值高斯白噪声,其协方差矩阵分别为 $\boldsymbol{Q}_k$ 和 $\boldsymbol{R}_k$。注意,$\boldsymbol{f}(\cdot)$ 和 $\boldsymbol{h}(\cdot)$ 可能不是线性的。

EKF 有两个步骤:预测步骤和更新步骤。在预测步骤中,EKF 根据前一时刻的状态量估计结果与当前时刻的控制输入,计算当前时刻的状态估计结果(称为先验状态估计)。在更新步骤中,EKF 将先验估计值与当前时刻的量测量结合,以调整预测步骤中的状态估计结果。调整后的状态估计值称为后验状态估计值。如果量测量不可用,则可以跳过更新步骤。

EKF 工作流程如下。

(1) 预测步骤。

先验状态估计:

$$\hat{\boldsymbol{x}}_{k-1|k-1} = \boldsymbol{f}(\hat{\boldsymbol{x}}_{k-1|k-1}, \boldsymbol{u}_k) + \boldsymbol{v}_k \tag{5.2}$$

先验估计误差协方差:

$$\boldsymbol{P}_{k|k-1} = \boldsymbol{F}_k \boldsymbol{P}_{k-1|k-1} \boldsymbol{F}_k^{\mathrm{T}} + \boldsymbol{Q}_k \tag{5.3}$$

(2) 更新步骤。

量测残差:

$$\boldsymbol{v}_k = \boldsymbol{z}_k - \boldsymbol{h}(\hat{\boldsymbol{x}}_{k-1|k-1}) \tag{5.4}$$

卡尔曼增益:

$$\boldsymbol{W}_k = \boldsymbol{P}_{k|k-1} \boldsymbol{H}_k^{\mathrm{T}} (\boldsymbol{H}_k \boldsymbol{P}_{k|k-1} \boldsymbol{H}_k^{\mathrm{T}} + \boldsymbol{R}_k)^{-1} \tag{5.5}$$

后验状态估计：
$$\hat{x}_{k|k} = \hat{x}_{k|k-1} + W_k v_k \tag{5.6}$$

后验估计误差的协方差：
$$P_{k|k} = (I - W_k H_k) P_{k|k-1} \tag{5.7}$$

式中：$\hat{x}_{m|n}$ 为利用 n 时刻的观测量对 m 时刻状态量 x 的估计结果；$P_{m|n}$ 为相应的估计协方差；$F_k = \frac{\partial f}{\partial x}|_{\hat{x}_{k-1|k-1}, u_k}$；$H_k = \frac{\partial h}{\partial x}|_{\hat{x}_{k|k-1}}$。

5.2.2 扩展卡尔曼滤波在行人惯性导航中的应用

在行人惯性定位中，EKF 主要是用来融合 IMU 数据与其他辅助信息，进而得到更精确的导航结果。在大多数情况下，为了避免高度非线性运动动力学模型线性化有关的问题，EKF 最优估计中，主要以导航误差为状态量，而不是导航状态信息本身[21]。

基于 EKF 的 ZUPT 辅助行人惯性导航基本原理如图 5.3 所示。利用捷联式惯性导航算法，通过对 IMU 测量信息解算，得到当前时刻的导航信息（速度、位置和姿态）；在 EKF 中，选择导航误差作为系统状态方程的状态量。当有其他辅助技术引入时（如 ZUPT、生物力学模型、测距信息等），外辅助技术的量测值就会与捷联惯性导航输出做差，该差值作为 EKF 的观测量，以更新系统的状态。EKF 可以估算 IMU 误差和导航误差，前者可以反馈并补偿 IMU 原始输出数据，后者则可直接用于更新导航结果。

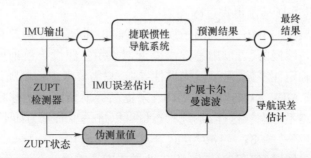

图 5.3 ZUPT 辅助行人惯性导航基本原理图

5.2.3 零速校正实现过程

ZUPT 辅助行人惯性导航中，首先要采用标准捷联式惯性导航系统机械编排解算导航信息，具体细节在第 3 章中已经介绍。同时，EKF 用于误差估计与补偿。在多数 ZUPT 辅助行人惯性导航算法中，选取导航误差为系统状态量：

$$\delta x = [\delta \theta^T, \delta v_n^T, \delta s_n^T, \delta x_g^T, \delta x_a^T]^T \tag{5.8}$$

式中：$\delta\boldsymbol{\theta}$ 为沿导航坐标系的三轴姿态误差；$\delta\boldsymbol{v}_n$ 和 $\delta\boldsymbol{s}_n$ 分别为沿导航参考坐标系的速度误差和位置误差矢量；$\delta\boldsymbol{x}_g$ 表示陀螺仪状态量（12 维矢量），包括陀螺仪零偏、比例因子误差、失准角、非正交性偏差；$\delta\boldsymbol{x}_a$ 表示加速度计状态量（9 维矢量），包括加速度计零偏、比例因子误差和非正交性偏差[22]。

一个完整的动态误差模型可以近似写成如下形式：

$$\delta\dot{\boldsymbol{x}} = \begin{bmatrix} -[\boldsymbol{\omega}_i^n\times] & \boldsymbol{F}_{\delta\boldsymbol{v}}^{\delta\boldsymbol{\theta}} & 0 & -\boldsymbol{F}_g & 0 \\ [\boldsymbol{f}^n\times] & \boldsymbol{C}_1 & \boldsymbol{C}_2 & 0 & \boldsymbol{F}_a \\ 0 & \boldsymbol{I} & 0 & 0 & 0 \\ 0 & 0 & 0 & 0 & 0 \\ 0 & 0 & 0 & 0 & 0 \end{bmatrix} \delta\boldsymbol{x} + \begin{bmatrix} \boldsymbol{C}_{S_g}^n \cdot \boldsymbol{\varepsilon}_{ARW} \\ \boldsymbol{C}_{S_a}^n \cdot \boldsymbol{\varepsilon}_{VRW} \\ 0 \\ \boldsymbol{\varepsilon}_{b_g} \\ \boldsymbol{\varepsilon}_{b_a} \end{bmatrix} \quad (5.9)$$

式中：$[\boldsymbol{\omega}_i^n\times]$ 和 $[\boldsymbol{f}^n\times]$ 为反对称阵形式，其中 $\boldsymbol{\omega}_i^n$ 为导航坐标系相对于惯性坐标系的旋转角速度沿导航系投影，$\boldsymbol{f}^n$ 为沿导航坐标系的加速度输出；$\boldsymbol{I}$ 为单位阵；$\boldsymbol{F}_{\delta\boldsymbol{v}}^{\delta\boldsymbol{\theta}}$ 为与传输速率有关的转换矩阵；$\boldsymbol{C}_1$ 和 $\boldsymbol{C}_2$ 分别为由地球自转和传输速率引起的科里奥利效应的相关矩阵；$\boldsymbol{C}_{S_g}^n$ 和 $\boldsymbol{C}_{S_a}^n$ 分别为从导航坐标系到加速度计坐标系和陀螺仪坐标系的方向余弦矩阵（direction cosine matrix，DCM）；$\boldsymbol{F}_g$ 和 $\boldsymbol{F}_a$ 分别为 3×12 维和 3×9 维的矩阵，也是与状态量 $\delta\boldsymbol{x}_g$ 和 $\delta\boldsymbol{x}_a$ 有关的线性动态矩阵；$\boldsymbol{\varepsilon}_{ARW}$ 为陀螺仪角度随机游走（angle random walk，ARW）；$\boldsymbol{\varepsilon}_{VRW}$ 为加速度计速度随机游走（velocity random walk，VRW）；$\boldsymbol{\varepsilon}_{b_g}$ 和 $\boldsymbol{\varepsilon}_{b_a}$ 分别为对状态量 $\delta\boldsymbol{x}_g$ 和 $\delta\boldsymbol{x}_a$ 建立的一阶高斯马尔可夫过程噪声[23]。

对于一个典型的 IMU，比例因子误差、失准角、非正交性偏差在行人惯性导航过程中变化是缓慢的，可以用零偏误差近似表示。假设导航前的标校过程可以补偿所有的确定性零偏，对于行人惯性导航，只需要考虑抑制随机零偏误差和白噪声（陀螺仪 ARW 和加速度计 VRW）来提高导航精度。地球自转角速度和载体运动也忽略不考虑。这样，系统状态量可以进一步简化为如下形式：

$$\delta\boldsymbol{x} = [\delta\boldsymbol{\theta}^T, \delta\boldsymbol{v}_n^T, \delta\boldsymbol{s}_n^T, \delta\boldsymbol{b}_g^T, \delta\boldsymbol{b}_a^T]^T \quad (5.10)$$

式中：$\delta\boldsymbol{b}_g$ 为三轴陀螺仪零偏；$\delta\boldsymbol{b}_a$ 为三轴加速度计零偏。

需要注意的是，零偏不是系统误差。根据上述调整，动态误差模型变为

$$\delta\dot{\boldsymbol{x}} = \begin{bmatrix} 0 & 0 & 0 & -\boldsymbol{C}_b^n & 0 \\ [\boldsymbol{f}^n\times] & \boldsymbol{C}_1 & \boldsymbol{C}_2 & 0 & \boldsymbol{C}_b^n \\ 0 & \boldsymbol{I} & 0 & 0 & 0 \\ 0 & 0 & 0 & 0 & 0 \\ 0 & 0 & 0 & 0 & 0 \end{bmatrix} \delta\boldsymbol{x} + \begin{bmatrix} \boldsymbol{C}_b^n \cdot \boldsymbol{\varepsilon}_{ARW} \\ \boldsymbol{C}_b^n \cdot \boldsymbol{\varepsilon}_{VRW} \\ 0 \\ \boldsymbol{\varepsilon}_{RRW} \\ \boldsymbol{\varepsilon}_{AcRW} \end{bmatrix} \triangleq \boldsymbol{A}\delta\boldsymbol{x} + \boldsymbol{B}$$

$$(5.11)$$

式中：C_b^n 为从导航坐标系到载体坐标系的方向转移矩阵，假定载体坐标系与传感器坐标系完全重合；ε_{RRW} 为陀螺仪角速率随机游走（rate random walk，RRW）；ε_{AcRW} 为加速度计随机游走（accelerometer random walk，AcRW）。

预测是每次执行 EKF 的必要步骤；除了在标准捷联式导航算法中计算的系统状态（位置、速度和姿态），还需要根据式（5.3）更新先验误差的协方差矩阵，F 和 Q 矩阵的定义如下：

$$F = \exp\{A\Delta t\} \approx I + A\Delta t$$

$$Q = \text{Var}\{BB^T\} \cdot \Delta t$$

式中：Δt 为每次更新的步长时间；B 为式（5.11）定义的过程噪声矩阵。

在离散形式中，系统状态更新可以表示为

$$\delta x_{k+1|k} = F_k \cdot \delta x_{k|k}$$

为了"启动"EKF 更新部分，需要一个检测器来检测每个步态周期中的站立阶段，这里可采用标准的 SHOE 检测器[13]。在该方法中，加速度计和陀螺仪测量值用来检测步态。在行人站立阶段，比力的幅值应该与当地重力加速度相等，足部角速度应当为 0。然而，对于检测器而言，重力加速度的方向是未知的，因此要采用极大似然估计（maximum likelihood estimate，MLE）方法。对于一个时间段内 W 次测量数据，可以计算出陀螺仪测量值的均方误差、加速度计测量值减去重力加速度后可以得到比力均值的均方误差，两组均方误差值利用测量值不确定度权值加和，求和结果与阈值 T（无量纲）比较。如果加权求和结果小于阈值，则确定为站立阶段。在零速检测过程中，虚警的影响比漏检的影响要严重得多。因此，需要一个合适的 T 和 W 参数组合，以部分零速状态漏检为代价来降低虚警概率。$W=5$ 和 $T=3\times10^4$ 可以作为一套代表性参数。检测器的数学表达式可写为

$$\text{ZUPT} = H\left[\frac{1}{W}\sum_{k=1}^{W}\left(\frac{\|y_k^a - g\cdot\bar{y}_n^a\|^2}{\sigma_a^2} + \frac{\|y_k^\omega\|^2}{\sigma_\omega^2}\right) - T\right]$$

式中：ZUPT 为检测器的逻辑参量；$H(\cdot)$ 为步态检测函数；y_k^a 和 y_k^ω 分别为在 k 时刻的加速度计和陀螺仪的测量输出；$\bar{y}_n^a$ 为在检测窗口内加速度计输出均值的归一化结果；σ_a 和 σ_ω 分别为加速度计和陀螺仪的白噪声水平。

当检测到站立阶段时，ZUPT 数值作为伪观测量，系统解算的速度则认为是测量残差 v_k，用来更新状态估计：

$$v_k = [0 \ I_{3\times3} \ 0 \ 0 \ 0] \cdot \delta x_k + w_k \triangleq H \cdot \delta x_k + w_k$$

式中：H 为观测矩阵；w_k 为量测噪声，主要是由于站立期间 IMU 真实速度不为 0 引起的[24]。

w_k 的协方差用 R_k 表示。在多数研究中，w_k 被假设为具有恒定标准偏差为 r 的白噪声，一般设置在 0.001～0.1m/s[8,16,24-25]，其中 r 称为速度不确定度。因

此,噪声方差矩阵可以表示为 $\boldsymbol{R}_k = r^2 \boldsymbol{I}_{3\times 3}$。虽然调整 EKF 中的参数是提高导航精度的常用方法,但更合适的方法是实际测量足部支撑阶段的速度概率分布,并据此设定 EKF 中的速度不确定性。

EKF 收到设备的量测信息后,根据式(5.5)~式(5.7)进行系统状态更新。

5.3 参 数 设 定

如前所述,尽管在卡尔曼滤波中,可以通过参数调整来达到参数最佳估计效果,但如果测试条件允许,那么最好还是根据实际情况来设置参数[26]。本节将重点讨论如何确定 ZUPT 辅助行人惯性导航算法中,过程噪声和量测噪声参数水平的确定。其中,量测噪声参数的确定是本节的重点,因为过程噪声参数可以通过 IMU 的型号和艾伦方差提取特性参数。这些参数也可以通过 IMU 说明书获取。

由于 ZUPT 辅助行人惯性导航过程中,站立阶段的速度没有实际测量,只是采用了零速度作为伪测量量,量测噪声可以解释为站立阶段的速度不确定性,即站立阶段足部速度分布的方差[24]。

文献[24]提出了站立期间估算速度不确定性的方法,并利用试验进行证明。在该方法中,速度的不确定性可以利用安装在足部的 IMU 来估算,而不需要其他传感器辅助,如全球定位系统、运动跟踪器和速度计,极大地方便了速度不确定度的现场测量。该方法主要包括 3 个步骤:首先,利用 IMU 测量数据完成 ZUPT 辅助惯性导航算法,并检测出站立阶段;其次,在站立阶段采用纯捷联导航算法对 IMU 测量数据进行解算,并假设初始速度为 0;最后,分析足部站立阶段末期的速度概率分布,并计算其标准差作为速度的不确定度。上述第二步中,IMU 在站立阶段的初始方向是由第一步的前序导航结果得到的。图 5.4 所示为站立阶段的速度传播曲线示例。在这种情况下,站立阶段的平均时长为 0.48s。另外,沿水平方向无法提取明显特征信息,这说明站立阶段的速度解算结果是随机的。沿 3 个方向的最终速度标准差均为 0.017m/s 左右,如图 5.5 所示。并且最终的速度分布呈钟形,这说明将速度的不确定度建模为正态分布是合理的。沿垂直方向的速度零偏可以做如下解释:当零速检测器确定站立阶段的起始时刻时,足部不是完全静止的,且速度残差是垂直向下的,但站立阶段的初始速度被假定为 0,由此引入了速度偏差。即使速度不确定性可能不完全遵循正态分布,EKF 也仍然是能达到噪声期望值为 0 的最佳线性估计器(至少对于两个水平方向而言如此)。

为了在试验中查找速度不确定度的起源,鉴于白噪声是 IMU 短期导航的主要误差源,应进一步计算由加速度计和陀螺仪的白噪声引起的速度不确定度,即

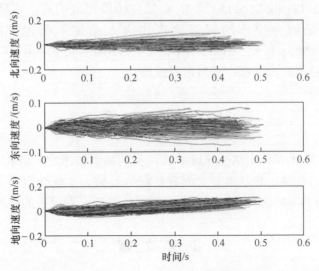

图 5.4　600 个站立阶段内,沿 3 个正交方向的速度传播曲线(见彩插)

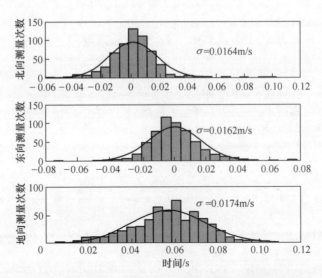

图 5.5　600 个站立阶段内,沿 3 个正交方向的速度分布。
标准差作为站立期间速度均值的不确定度

$$\Delta v_{\text{accel}} = \text{VRW} \cdot \sqrt{t} \approx 1 \times 10^{-3} \text{m/s} \quad (5.12)$$

$$\Delta v_{\text{gyro}} = \sqrt{\frac{1}{3}} \text{ARW} \cdot g \cdot t^{3/2} \approx 8 \times 10^{-5} \text{m/s} \quad (5.13)$$

式中:Δv_{accel} 为由加速度计白噪声引起的速度不确定度;Δv_{gyro} 为由陀螺仪白噪声引起的不确定度;t 为站立阶段的时间长度;g 为重力加速度。

根据式(5.12)和式(5.13)可知,在站立阶段提取的速度不确定性与IMU噪声无关,这是因为噪声的幅值阶次比引入速度不确定度的幅值数量级(0.01m/s)要低。因此,可以得出结论,速度不确定度主要由足部的运动和冲击引起,即使站立阶段足部一直与地面接触。

5.4 总 结

零速校正技术是行人惯性导航中最常见的辅助技术之一,因为该方法不仅易于实现,而且在减小导航误差方面有良好的效果。本章介绍了ZUPT辅助行人惯性导航的基本概念、算法实现和参数设计,是下一章分析的基础。

参 考 文 献

[1] Ladetto, Q. (2000). On foot navigation: continuous step calibration using both complementary recursive prediction and adaptive Kalman filtering. *International Technical Meeting of the Satellite Division of The Institute of Navigation (ION GPS 2000)*, Salt Lake City, UT, USA (19-22 September 2000).

[2] Kim, J.W., Jang, H.J., Hwang, D.-H., and Park, C. (2004). A step, stride and heading determination for the pedestrian navigation system. *Journal of Global Positioning Systems* 3 (1-2): 273-279.

[3] Diaz, E.M. and Gonzalez, A.L.M. (2014). Step detector and step length estimator for an inertial pocket navigation system. *IEEE International Conference on Indoor Positioning and Indoor Navigation (IPIN)*, Busan, South Korea (27-30 October 2014).

[4] OpenShoe (2012). Matlab Implementation. http://www.openshoe.org/?page_id=362 (accessed 08 March 2021).

[5] Sher, L. (1996). *Personal Inertial Navigation System (PINS)*. DARPA.

[6] Hutchings, L.J. (1998). System and method for measuring movement of objects. US Patent No. 5,724,265.

[7] Elwell, J. (1999). Inertial navigation for the urban warrior. *AEROSENSE'99*, Orlando, FL, USA (5-9 April 1999), pp. 196-204.

[8] Foxlin, E. (2005). Pedestrian tracking with shoe-mounted inertial sensors. *IEEE Computer Graphics and Applications* 25 (6): 38-46.

[9] Ojeda, L. andBorenstein, J. (2007). Personal dead-reckoning system for GPS-denied environments. *IEEE International Workshop on Safety, Security and Rescue Robotics (SSRR)*, Rome, Italy (27-29 September 2007).

[10] Nilsson, J.O., Gupta, A.K., and Handel, P. (2014). Foot-mounted inertial navigation made easy. *IEEE International Conference on Indoor Positioning and Indoor Navigation (IPIN)*, Busan, Korea (27-30 October 2014).

[11] Godha, S. and Lachapelle, G. (2008). Foot mounted inertial system for pedestrian navigation. *Measurement Science and Technology* 19 (7): 075202.

[12] Wang, Y., Chernyshoff, A., and Shkel, A.M. (2019). Study on estimation errors in ZUPT-aided

pedestrian inertial navigation due to IMU noises. *IEEE Transactions on Aerospace and Electronic Systems* 56 (3): 2280-2291.

[13] Skog, I., Händel, P., Nilsson, J. O., and Rantakokko, J. (2010). Zero-velocity detection — an algorithm evaluation. *IEEE Transactions on Biomedical Engineering* 57 (11): 2657-2666.

[14] Krach, B. and Robertson, P. (2008). Integration of foot-mounted inertial sensors into a Bayesian location estimation framework. *IEEE Workshop on Positioning, Navigation and Communication*, Hannover, Germany (27 March 2008), pp. 55-61.

[15] Feliz, R., Zalama, E., and Garcia-Bermejo, J. G. (2009). Pedestrian tracking using inertial sensors. *Journal of Physical Agents* 3 (1): 35-43.

[16] Skog, I., Nilsson, J. O., and Händel, P. (2010). Evaluation of zero-velocity detectors for foot-mounted inertial navigation systems. *IEEE International Conference on In Indoor Positioning and Indoor Navigation (IPIN)*, Zurich, Switzerland (15-17 September 2010).

[17] Ramanandan, A., Chen, A., and Farrell, J. A. (2012). Inertial navigation aiding by stationary updates. *IEEE Transactions on Intelligent Transportation Systems* 13 (1): 235-248.

[18] Laverne, M., George, M., Lord, D. et al. (2011). Experimental validation of foot to foot range measurements in pedestrian tracking. *ION GNSS Conference*, Portland, OR, USA (19-23 September 2011).

[19] Rajagopal, S. (2008). Personal dead reckoning system with shoe mounted inertial sensors. Master dissertation. KTH Royal Institute of Technology.

[20] Kalman, R. E. (1960). A new approach to linear filtering and prediction problems. *Journal of Basic Engineering* 82: 35-45.

[21] Hou, X., Yang, Y., Li, F., and Jing, Z. (2011). Kalman filter based on error state variables in SINS+GPS navigation application. *IEEE International Conference on Information Science and Technology*, Nanjing, China (26-28 March 2011), pp. 770-773.

[22] Savage, P. G. (2007). *Strapdown Analytics*, 2e. Maple Plain, MN: Strapdown Associates.

[23] Huddle, J. K. (1978). Theory and performance for position and gravity survey with an inertial system. *Journal of Guidance, Control, and Dynamics* 1 (3): 183-188.

[24] Wang, Y., Askari, S., and Shkel, A. M. (2019). Study on mounting position of IMU for better accuracy of ZUPT-aided pedestrian inertial navigation. *IEEE International Symposium on Inertial Sensors and Systems (Inertial)*, Naples, FL, USA (1-5 April 2019).

[25] Ren, M., Pan, K., Liu, Y. et al. (2016). A novel pedestrian navigation algorithm for a foot-mounted inertial-sensor-based system. *Sensors* 16 (1): 139.

[26] Matisko, P. and Havlena, V. (2010). Noise covariances estimation for Kalman filter tuning. *IFAC Proceedings* 43 (10): 31-36.

第 6 章

零速校正辅助行人惯性导航误差分析

第 5 章介绍了 ZUPT 辅助行人惯性导航,并证明了该方法可以大大减小导航误差。然而,由于惯性导航的全自主特性,其导航误差仍然会随时间增长。为了估算增长的导航误差,并确定主要误差源,有必要进一步分析 ZUPT 辅助行人惯性导航的误差传播方式。但是,由于零速伪测量量和误差补偿环节的引入,系统整体误差传播规律将比无辅助的捷联式惯性导航系统误差传播规律(第 4 章介绍)复杂得多。

本章详细分析 ZUPT 辅助行人惯性导航中惯性测量单元(inertial measurement unit, IMU)噪声对导航误差的影响。该结论会成为分析传感器误差影响效应的主要工具,有助于为 ZUPT 辅助行人惯性导航任务选择适当的传感器。本章采用二维(2D)生物力学模型模拟人类步态运动,这样不仅可以更好地理解人类行走动力学原理,同时也为后续数学解算奠定基础。

6.1 人类步态生物力学模型

本节首先介绍一种脚部运动轨迹生成方法。对于 ZUPT 辅助行人导航中,该生物动力学模型对误差的分析预测是至关重要的。

人类步态模型是多维度的,这是因为在行走过程中,人体许多关节之间存在复杂的运动和动态关系。本节只关注两只脚的运动轨迹,而不是整个身体的运动。因此,这里使用了一些假设来简化人类步态模型:

(1)每条腿的运动都是二维且平行,盆骨处无旋转角运动,脚踝处无水平旋转运动;

(2)两条腿的尺寸是相同的;

(3)每步的模式和持续时间都是相同的;

(4)地面平坦,行走过程中无海拔变化的累积;

(5)轨迹笔直,导航过程中无转弯或停止。

本节的后续介绍首先从躯干坐标系下的关节旋转信息中提取足部运动信

息;其次基于人类步态特征分析,将足部运动信息从躯干坐标系投影转换至导航坐标系;最后在保留足部运动所有关键特征信息的同时,采用参数化方式生成一个具有更高连续性的轨迹。

6.1.1 躯干坐标系下的脚部运动

躯干坐标系是一个与身体躯干固连的参考坐标系。躯干坐标系的提出是为了研究与躯干有关的相对运动。

关节运动已经被众多学者广泛研究,主要用于病理分析,通常情况下,角度数据由高速摄像机或可穿戴设备测量数据提取[1]。文献[2]中提出了关节角度变化模型,如图6.1(a)所示。图6.1(b)所示为简化人腿部模型。这里,腿被建模为两根杆,股骨长度为50cm,胫骨长度为45cm。脚步建模为三角形形状,边长分别为4cm、13cm和16cm。上述参数是由一个身高为180cm的典型男性试验者确定的。因此,前脚掌在躯干坐标系的位置可以表示为

$$x_{\text{forefoot}} = L_1 \sin\alpha + L_2 \sin(\alpha - \beta) + L_3 \sin(\alpha - \beta + \gamma) \quad (6.1)$$

$$y_{\text{forefoot}} = L_1 \cos\alpha + L_2 \cos(\alpha - \beta) + L_3 \cos(\alpha - \beta + \gamma) \quad (6.2)$$

式中相应参数在图6.1(b)中标明。如果假设每一步都是相同的,那么另一只脚的位置可以通过将时间平移半个周期来计算。

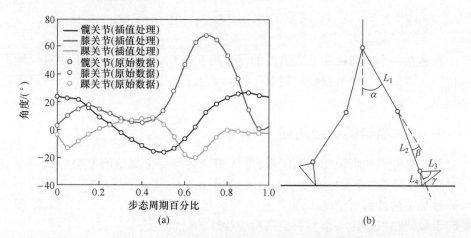

图6.1 (a)关节运动数据与(b)简化人腿部模型
(资料来源:(a)Murray等[2];(b)作者本人绘图)

6.1.2 导航坐标系下的脚部运动

导航坐标系是与地面固连、三轴分别指向北向、东向和地向的参考坐标系。本节主要研究在该坐标系下脚相对于地面的运动。

为了将脚步运动信息从沿躯干坐标系的投影转换至导航坐标系,有必要对

步态进行分析,确定一个步态周期不同阶段的静止站立参考点。每个步态周期分为两个阶段:站立阶段和摆动阶段。站立阶段是指脚在地面的过程,摆动阶段是指脚在空中摆动前进的过程[3]。

假设每个步态周期从左脚跟接触地面开始(脚跟着地)。在一个步态周期的前15%阶段,认为左脚跟是静止的,脚围绕脚跟旋转运动(脚跟摇动),直到整个脚接触地面。在步态周期的15%~40%阶段,整个左脚在地面上静止不动,左脚脚踝关节旋转以促进肢体前进(脚踝摇动)。这也是ZUPT采用伪量测量应用于扩展卡尔曼滤波的时间段。在步态周期的40%~60%阶段,左脚跟开始上升,该阶段在左脚跟离开地面结束。该阶段内,左脚相对于前脚掌旋转,这里假设前脚掌是静止的[4]。由于假设每一步都是相同的,一个步态周期的后半部分与前半部分是对称的。图6.2所示为一个步态周期的各个阶段。

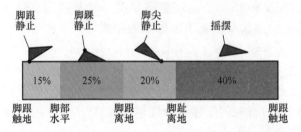

图6.2 人类步态行动分析。圆点表示在一个不同周期不同阶段的静止点

在建立一个步态周期不同阶段的足部静止点后,可以确定躯干相对于地面的位置。脚部的运动可以叠加到躯干的运动上,以获得导航坐标系下的足部运动信息。

6.1.3 轨迹的参数描述

静止参考点从脚跟变化到脚踝,再从脚踝突然变化到前脚掌会导致足部的运动轨迹不连续,特别是速度和加速度,如图6.3所示。足部真实加速度的不连续导致加速度计测量值的不连续,会直接引起后续算法的解算问题。因此,需要进行参数调整以获得一个具有更高阶连续性的新轨迹[5]。

新生成的轨迹不必严格遵循每个关节的角度数据与联动关系,但必须保留所有步态特征,特别是脚踝摇摆时间段内的零速阶段和角速度,以便在生成足部运动轨迹基础上完成ZUPT辅助行人导航算法。

通过沿着运动轨迹方向的速度参数调整,就可以保证位移和加速度的连续性。首先,要选择出IMU沿水平和垂直方向的特征速度。对于沿垂直方向的参数化过程,应保证一个步态周期的速度积分为0,以确保在一个步态周期内高度不发生变化。该目标需要通过调整一些关键点的速度信息来实现。

参数调整后的结果如图6.3所示。调整后的速度曲线(虚线)紧贴着原始

| 第6章 零速校正辅助行人惯性导航误差分析

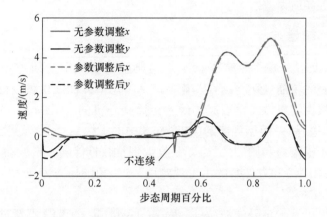

图 6.3　速度参数变化前后曲线：近似匹配且剔除突变（见彩插）

速度曲线，没有失去基本特征信息，也消除了在一个步态周期中间（50%）出现不连续的现象，即参考静止点从左脚掌转移到右脚跟。再对速度积分得到位置轨迹曲线，如图 6.4 所示。对于水平方向的位移，速度参数调整前后贴合度较好；对于垂直方向的位移，两条曲线的差异说明了足部的高度在一个步态周期后并没有发生变化。

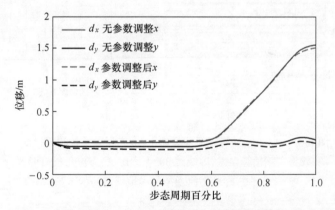

图 6.4　参数调整前后位置变化曲线。参数调整前后，沿 x 方向（水平方向）位移曲线重合度很高，沿 y 方向（垂直方向）的位移差异是为了保证步态周期之间的位移连续性（见彩插）

6.2　导航误差分析

ZUPT 辅助行人惯性导航算法的导航误差主要有两类误差源：系统模型误差和 IMU 误差。本节只分析 IMU 噪声引起的导航误差，主要是定量分析姿态、速度和位置等导航误差。

6.2.1 起始点

ZUPT 辅助行人惯性导航姿态误差的典型传播规律与协方差如图 6.5 所示。速度误差的传播规律与图 6.5 相似。从姿态误差曲线中可以得到结论：

（1）虽然由随机性噪声引起的误差传播是随机的（如图 6.5 中的实线），但误差协方差（边界）是遵循规律的（如图 6.5 中的虚线）；

（2）对于横滚角和俯仰角，协方差收敛到常数且伴随一定波动，但是由于速率随机游走（RRW）和方位角的不可观测性，方位角的协方差以 $t^{3/2}$ 为系数随时间发散[6]；

（3）如果扩展卡尔曼滤波（extended Kalman filter，EKF）更新过程在足部站立阶段起作用，协方差就会减小，但是在足部摆动阶段的 EKF 预测过程中，协方差又会增加。

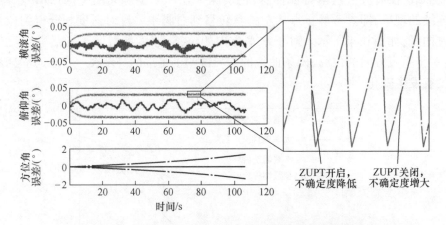

图 6.5　ZUPT 辅助行人惯性导航中，姿态误差的传播规律曲线
实线是实际估算误差，虚线是 3σ 不确定度，方位角（航向）是
唯一无法在 EKF 零速观测量中被观测的状态量[7]

误差分析的出发点是可观测性，即 ZUPT 辅助导航算法长期运行过程中，姿态和速度的协方差能够收敛到带有一些波动的稳定状态[7]，如图 6.5 中虚线所示。该现象表明，在整个步态周期中，预测过程中协方差的增加量与更新过程中协方差的减小量相等。利用这一现象，将 ZUPT 有关参数与 IMU 参数整合起来，用来估算整个导航结果的不确定性。这种组合方式可以更全面地分析系统行为，并提取系统各状态量估计误差的协方差。为了简化推导过程，分析过程中假设运动轨迹为朝北的直线。此外，假设足部运动为二维运动，即足部运动只沿着北向和地向，则横滚角和方位角为 0。在其他形状导航轨迹的分析过程中，导航误差的形式会有所不同，但一般结论仍可适用。

6.2.2 摆动阶段协方差增大过程

足部摆动过程中,IMU 噪声导致协方差增长。先验协方差传播规律见式(5.3)。为了区分位置、速度和姿态误差,将式(5.3)展开成 3×3 子矩阵形式。为了简单起见,取消指示时间的下标,并使用新的下标来表示子矩阵模块。这样,下标 1 表示角度误差,下标 2 表示速度误差,下标 3 表示位置误差。一个时间步长中角度先验协方差传播过程可写成以下形式:

$$P_{11}^{\text{priori}} \approx P_{11} + Q_{11} - (C_b^n P_{41} + P_{14} C_b^{nT}) \cdot \Delta t + C_b^n P_{44} C_b^{nT} \cdot \Delta t^2 \quad (6.3)$$

式中: Δt 为一个步长的时间长度; $C_b^n P_{41}$ 和 $P_{14} C_b^{nT}$ 彼此对称且共享对角线元素。

需要注意的是,在 6.2.2 节和 6.2.3 节, P_{mn} 和 $P_{mn}(j,k)$ 中相应项表示从上一次更新步骤中得到的后验协方差,如果上一次滤波过程中没有执行更新步骤,则代表上一次预测步骤的先验协方差。由于传感器采样频率较高(通常高于 100Hz),式(6.3)右侧的最后一项可忽略。高采样频率有助于减小 EKF 非线性系统线性化过程中产生的误差。此外,由于假设足部运动是二维运动,所以方向余弦矩阵可表示为

$$C_b^n = \begin{bmatrix} \cos\theta & 0 & \sin\theta \\ 0 & 1 & 0 \\ -\sin\theta & 0 & \cos\theta \end{bmatrix}$$

式中: θ 为足部俯仰角。

由于两个水平角(横滚角和俯仰角)协方差传播规律是相同的,因此只关注其中一个即可。本书中, $P_{11}(1,1)$(横滚角对应项)表示在一个步态周期中先验协方差变化为

$$P_{11}^{\text{priori}}(1,1) \approx P_{11}(1,1) + [\text{ARW}^2 - 2a_c P_{41}(1,1)] t_{\text{stride}} \quad (6.4)$$

式中: t_{stride} 为一个步态周期的时间长度; a_c 为整个步态周期中 $\cos\theta$ 的均值,经过估算对应一个成年人的步态特征,该参数取值在 0.84 附近[2]。

由于 $P_{41}(3,1)$ 远小于 $P_{41}(1,1)$,因此该项可忽略不考虑。

速度估算误差的协方差传播规律可以基于式(5.3)做相似的分析,得到结果为

$$P_{22}^{\text{priori}} \approx P_{22} + Q_{22} + \{[f^n \times] P_{12} + P_{21} [f^n \times]^T + C_b^n P_{52} + P_{25} C_b^{nT}\} \Delta t \quad (6.5)$$

式中: P_{12} 和 P_{21} 为相互对称的对称矩阵。

将式(6.5)在一个步态周期中积分,可以得到在一个步态周期中速度估算结果的协方差传播形式。$[f^n \times]$ 由两部分组成:常值加速度 g 和由于运动引起快速变化的加速度 a_m。后者在积分过程中可以忽略,因为与 a_m 相比, P_{12} 是一个缓慢变化项。在对这两项相乘项的积分过程中, P_{12} 可视为常数,并从积分中

提取出来。因此,上述表达式变成了对加速度 a_m 的积分过程。又因为在一个完整的步态周期内速度会恢复到0,所以积分结果为0。又因为 $P_{52}(1,1)$ 和 $P_{52}(1,3)$ 远小于 $P_{12}(1,2)$,因此可以忽略这两项。这样,北向速度误差的总先验协方差可以表示为

$$P_{22}^{\text{priori}}(1,1) \approx P_{22}(1,1) + (\text{VRW}^2 - 2g \cdot P_{12}(1,2)) \cdot t_{\text{stride}} \quad (6.6)$$

式中:$P_{12}(1,2)$ 为北向姿态与东向速度之间的协方差;g 为重力加速度;$P_{12}(1,2)$ 为由角速率误差和速度误差耦合项相关的重要参数,如舒勒(Schuler)摆,就是该项参数产生的现象之一[8]。

为了使分析完整,我们还需要计算 $P_{12}(1,2)$ 的协方差增长过程,该协方差的传播规律数学描述如下:

$$P_{12}^{\text{priori}}(1,2) \approx P_{12}(1,2) - g \cdot P_{11}(1,1) \cdot t_{\text{stride}} \quad (6.7)$$

在协方差矩阵中,与位置估算误差的相关子矩阵为 $\boldsymbol{P}_{33}$,该矩阵在预测过程中的传播规律可以表示为

$$\boldsymbol{P}_{33}^{\text{priori}} = \boldsymbol{P}_{33} + (\boldsymbol{P}_{23} + \boldsymbol{P}_{32}) \cdot \Delta t + \boldsymbol{P}_{22} \cdot \Delta t^2 \quad (6.8)$$

沿北向和东向位置估算结果的不确定度分别用 $P_{33}(1,1)$ 和 $P_{33}(2,2)$ 表示,且它们只依赖 $P_{23}(1,1)$ 和 $P_{23}(2,2)$ 的传播规律,这两项与速度误差和位置误差的耦合项有关。该耦合项的数学传播规律可以表示为

$$P_{23}^{\text{priori}}(1,1) \approx P_{23}(1,1) + [P_{22}(1,1) + (g - a_D)P_{13}(2,1)] \cdot \Delta t \quad (6.9)$$

$$P_{23}^{\text{priori}}(2,2) \approx P_{23}(2,2) + [P_{22}(2,2) + (g - a_D)P_{13}(2,1) - a_N P_{13}(3,2)] \cdot \Delta t \quad (6.10)$$

式中:a_N 为北向加速度;a_D 为地向加速度。

需要注意的是,与 $\boldsymbol{P}_{53}$ 有关项已忽略,式中没有给出。关于式(6.6)中 a_D 和 a_N 不能忽略的原因,将在本节后续介绍。另外,沿两方向的唯一不同之处在于式(6.10)中的最后一项。

类似地,其他项的协方差传播数学表达式如下:

$$P_{12}^{\text{priori}}(3,2) = P_{12}(3,2) - P_{11}(3,3) \cdot a_N \cdot \Delta t \quad (6.11)$$

$$P_{13}^{\text{priori}}(2,1) = P_{13}(2,1) + P_{12}(2,1) \cdot \Delta t \quad (6.12)$$

$$P_{13}^{\text{priori}}(3,2) = P_{13}(3,2) + [P_{12}(3,2) + P_{43}(1,2)\sin\theta - P_{43}(3,2)\cos\theta] \cdot \Delta t \quad (6.13)$$

$$P_{41}^{\text{priori}}(1,1) = P_{41}(1,1) - P_{44}(1,1)\cos\theta \cdot \Delta t \quad (6.14)$$

$$P_{41}^{\text{priori}}(1,3) = P_{41}(1,3) + P_{44}(1,1)\sin\theta \cdot \Delta t \quad (6.15)$$

$$P_{41}^{\text{priori}}(3,3) = P_{41}(3,3) - P_{44}(3,3)\cos\theta \cdot \Delta t \quad (6.16)$$

$$P_{42}^{\text{priori}}(1,2) = P_{42}(1,2) + P_{41}(1,1) \cdot (-g + a_D) \cdot \Delta t \quad (6.17)$$

$$P_{42}^{\text{priori}}(3,2) = P_{42}(3,2) - P_{41}(3,3) \cdot a_N \cdot \Delta t \quad (6.18)$$

$$P_{43}^{\text{priori}}(1,2) = P_{43}(1,2) + P_{42}(1,2) \cdot \Delta t \quad (6.19)$$

$$P_{43}^{\text{priori}}(3,2) = P_{43}(3,2) + P_{42}(3,2) \cdot a_N \cdot \Delta t \tag{6.20}$$

$$P_{44}^{\text{priori}}(2,2) = P_{44}(2,2) + \text{RRW}^2 \cdot \Delta t \tag{6.21}$$

6.2.3 站立阶段的协方差下降趋势

站立阶段,ZUPT 辅助的导航算法会自动补偿 IMU 误差/噪声,进而减小状态估计的协方差。协方差数值减小量可以通过式(5.5)和式(5.7)解算得到。

首先分析角度估计的协方差阵。对于站立阶段每个解算时间周期内,后验协方差的变化量可以表示为

$$\begin{aligned}P_{11}^{\text{posteriori}}(1,1) = {}& P_{11}(1,1) - \frac{P_{12}(1,1)P_{21}(1,1)}{P_{22}(1,1) + r^2} - \frac{P_{12}(1,2)P_{21}(2,1)}{P_{22}(2,2) + r^2} - \\ & \frac{P_{12}(1,3)P_{21}(3,1)}{P_{22}(3,3) + r^2} \\ \approx {}& P_{11}(1,1) - \frac{[P_{12}(1,2)]^2}{r^2}\end{aligned} \tag{6.22}$$

在捷联式惯性导航系统机械编排中,北向旋转运动与由重力引起的东向加速度密切相关。因此,$P_{12}(1,1)$ 和 $P_{12}(1,3)$ 要比 $P_{12}(1,2)$ 小得多,可以忽略不计。在 ZUPT 辅助导航过程中,速度量测量不确定度远大于由 IMU 噪声引起的测速误差[5,9]。这就导致分母中的 $\boldsymbol{P}_{22}$ 比 r^2 小得多,可以忽略不计。

同样,其他参数项的后验协方差可以计算得到,具体形式为

$$P_{12}^{\text{posteriori}}(1,2) = P_{12}(1,2) - P_{12}(1,2)P_{22}(2,2)/r^2 \tag{6.23}$$

$$P_{22}^{\text{posteriori}}(2,2) = P_{22}(2,2) - [P_{22}(2,2)]^2/r^2 \tag{6.24}$$

$$P_{13}^{\text{posteriori}}(3,2) = P_{13}(3,2) - P_{23}(2,2)P_{12}(3,2)/r^2 \tag{6.25}$$

$$P_{13}^{\text{posteriori}}(2,1) = P_{13}(2,1) - P_{23}(1,1)P_{12}(2,1)/r^2 \tag{6.26}$$

$$P_{33}^{\text{posteriori}}(1,1) = P_{33}(1,1) - [P_{23}(1,1)]^2/r^2 \tag{6.27}$$

$$P_{22}^{\text{posteriori}}(1,1) = P_{22}(1,1) - [P_{22}(1,1)]^2/r^2 \tag{6.28}$$

$$P_{33}^{\text{posteriori}}(2,2) = P_{33}(2,2) - [P_{23}(2,2)]^2/r^2 \tag{6.29}$$

$$P_{44}^{\text{posteriori}}(2,2) = P_{44}(2,2) - [P_{42}(2,1)]^2/r^2 \tag{6.30}$$

$$P_{42}^{\text{posteriori}}(1,2) = P_{42}(1,2) - P_{42}(1,2)P_{22}(2,2)/r^2 \tag{6.31}$$

$$P_{41}^{\text{posteriori}}(1,1) = P_{41}(1,1) - P_{42}(1,2)P_{21}(2,1)/r^2 \tag{6.32}$$

6.2.4 协方差估算能力

如图 6.5 所示,ZUPT 辅助导航解算中,对方位角观测能力有限。因此,捷联式惯性导航中,方位误差角与沿 z 轴陀螺仪零偏的误差传播规律相同:

$$P_{44}(3,3) = \text{RRW}^2 \cdot t \tag{6.33}$$

$$P_{11}(3,3) = \text{ARW}^2 \cdot t + \frac{\text{RRW}^2}{3} \cdot t^3 \qquad (6.34)$$

式中：t 为总导航时间。

本节中，$\boldsymbol{P}_{mn}$ 和 $P_{mn}(j,k)$ 代表了连续预测协方差的边界。此外，本节只关注长期的协方差水平，不关注步态周期的协方差变化，因此不再区分先验和后验协方差矩阵。

结合式(6.21)和式(6.30)，得

$$\text{RRW}^2 \cdot t_{\text{stride}} = \frac{P_{42}(2,1)^2}{r^2} \cdot N_{\text{stance}} \qquad (6.35)$$

由于 $N_{\text{stance}} = f_s \cdot t_{\text{stride}}$，其中 f_s 表示 IMU 采样频率，$P_{42}(1,2)$ 可以表示为

$$P_{42}(1,2) = -\text{RRW} \left(\frac{r^2 \cdot t_{\text{stride}}}{f_s \cdot t_{\text{stance}}} \right)^{1/2} \qquad (6.36)$$

方程的负号是源于沿东向的正向陀螺漂移会引起沿北向的负速度估算误差。

同样地，结合式(6.17)和式(6.31)，得

$$-P_{44}(1,1) \cdot g \cdot t_{\text{stride}} = \frac{P_{42}(1,2)P_{22}(2,2)}{r^2} f_s \cdot t_{\text{stance}} \qquad (6.37)$$

结合式(6.4)和式(6.22)，得

$$[\text{ARW}^2 - 2a_c \cdot P_{41}(1,1)] \cdot t_{\text{stride}} = \frac{[P_{12}(1,2)]^2}{r^2} f_s \cdot t_{\text{stance}} \qquad (6.38)$$

结合式(6.6)和式(6.28)，得

$$[\text{VRW}^2 - 2g \cdot P_{12}(1,2)] \cdot t_{\text{stride}} = \frac{[P_{22}(1,1)]^2}{r^2} f_s \cdot t_{\text{stance}} \qquad (6.39)$$

由式(6.36)~式(6.39)计算出的 $P_{22}(1,1)$ 是四次方程的根，即

$$ax^4 + bx^2 + cx + d = 0 \qquad (6.40)$$

各系数具体形式为

$$a = \left[\frac{f_s \cdot t_{\text{stance}}}{2gr^2 \cdot t_{\text{stride}}} \right]^2, \quad b = -\frac{f_s \cdot t_{\text{stance}}}{2g^2 r^2} \cdot \frac{\text{VRW}^2}{t_{\text{stride}}},$$

$$c = -2a_c \frac{\text{RRW}}{g} \sqrt{\frac{r^2 t_{\text{stride}}}{f_s t_{\text{stance}}}}, \quad d = \frac{\text{VRW}^4}{4g^2} - \frac{\text{ARW}^2 \cdot r^2 \cdot t_{\text{stride}}}{f_s t_{\text{stance}}}$$

式(6.40)的解析解是存在的，但形式过于复杂，这里不做说明。因此，不通过解析表达式分析，而是利用数值解算来解决。注意，$P_{22}(1,1)$ 是协方差矩阵的参数项，对应东向速度估计结果的不确定性。速度不确定性简化为 $\sigma_v = \sqrt{P_{22}(2,2)}$。利用上述方程，可以计算出 $P_{12}(1,2)$ 和 $P_{41}(1,1)$：

$$P_{12}(1,2) = -\left(\text{ARW}^2 \frac{r^2 \cdot t_{\text{stride}}}{f_s \cdot t_{\text{stance}}} + 2a_c \frac{\text{RRW} \cdot \sigma_v^2}{g} \sqrt{\frac{r^2 \cdot t_{\text{stride}}}{f_s \cdot t_{\text{stance}}}}\right)^{1/2} \quad (6.41)$$

$$P_{41}(1,1) = -\frac{\text{RRW} \cdot \sigma_v^2}{g} \sqrt{\frac{f_s \cdot t_{\text{stance}}}{r^2 \cdot t_{\text{stride}}}} \quad (6.42)$$

结合式(6.14)和式(6.32),得到

$$P_{44}(1,1) a_c \cdot t_{\text{stride}} = \frac{P_{42}(1,2) P_{21}(2,1)}{r^2} f_s \cdot t_{\text{stance}} \quad (6.43)$$

或等价于

$$P_{44}(1,1) = \frac{P_{42}(1,2) P_{21}(2,1)}{a_c} \frac{f_s \cdot t_{\text{stance}}}{r^2 \cdot t_{\text{stride}}} = \left[\left(\frac{\text{RRW} \cdot \text{ARW}}{a_c}\right)^2 + \frac{2\sigma_v^2 \text{RRW}^3}{a_c \cdot g} \sqrt{\frac{f_s \cdot t_{\text{stance}}}{r^2 \cdot t_{\text{stride}}}}\right]^{1/2} \quad (6.44)$$

北向陀螺漂移的不确定度为 $\sigma_{g_N} = \sqrt{P_{44}(1,1)}$。

结合式(6.7)和式(6.23),得到姿态估计协方差:

$$-P_{11}(1,1) \cdot g \cdot t_{\text{stride}} = \frac{P_{12}(1,2) P_{22}(2,2)}{r^2} f_s \cdot t_{\text{stance}} \quad (6.45)$$

因此,参量 $P_{11}(1,1)$ 可以表示为

$$P_{11}(1,1) = -\frac{P_{12}(1,2) P_{22}(2,2)}{g} \frac{f_s \cdot t_{\text{stance}}}{r^2 \cdot t_{\text{stride}}} \quad (6.46)$$

北向姿态估计的不确定度为 $\sigma_\theta = \sqrt{P_{11}(1,1)}$。

为了估算位置不确定度,首先分析 $P_{12}(3,2)$ 的传播规律。式(6.11)是与北向加速度 a_N 和方位角估算不确定度 $P_{11}(3,3)$ 有关参数项 $P_{12}(3,2)$ 的表达式。对于单个步态周期,由于一个步态周期的时间很短(约1s),因此 $P_{11}(3,3)$ 可看作常数。因此,$P_{12}(3,2)$ 是 a_N 的积分结果,即 IMU 沿北向的真实速度 $v_N(t)$。因此,当更新过程开始时,$P_{12}(3,2)$ 回归到0附近,这就导致 $P_{12}(3,2)$ 数值接近0,对更新过程影响较小。$P_{12}(3,2)$ 数学表达式为

$$P_{12}(3,2) \approx -P_{11}(3,3) \cdot v_N(t) = -\left(\text{ARW}^2 \cdot t + \frac{\text{RRW}^2}{3} \cdot t^3\right) \cdot v_N(t) \quad (6.47)$$

相似地,可以解算得到推导过程中的其他参数,具体形式如下:

$$P_{41}(3,3) = -\int_0^t P_{44}(3,3) \cdot \cos\theta \cdot d\tau = -\frac{\text{RRW}^2}{2} \cdot a_c \cdot t^2$$

$$P_{41}(1,3) = \int_0^t P_{44}(1,1) \cdot \sin\theta \cdot d\tau = \sigma_{g_N}^2 \cdot a_s \cdot t$$

$$P_{42}(1,2) = -\int_0^t P_{41}(1,3) \cdot a_N \cdot d\tau = -\sigma_{g_N}^2 \cdot a_s \cdot t \cdot v_N(t)$$

$$P_{42}(3,2) = -\int_0^t P_{41}(3,3) \cdot a_N \cdot d\tau = \frac{RRW^2}{2} \cdot a_c \cdot t^2 \cdot v_N(t)$$

$$P_{43}(1,2) = \int_0^t P_{42}(1,2) \cdot d\tau = -\int_0^t \sigma_{g_N}^2 \cdot a_s \cdot t \cdot v_N(t) \cdot d\tau$$

$$\approx -\sum_i \sigma_{g_N}^2 \cdot a_s \cdot t_i \int_{\text{cycle } i} v_N(t) \cdot d\tau$$

$$= -\sum_i \sigma_{g_N}^2 \cdot a_s \cdot t_i \cdot s_N = -\frac{1}{2}\sigma_{g_N}^2 \cdot a_s \cdot t^2 \cdot s_N$$

$$P_{43}(3,2) = \int_0^t P_{42}(3,2) \cdot d\tau = \frac{RRW^2}{6} \cdot a_c \cdot s_N \cdot t^3$$

$$P_{13}(3,2) = \int_0^t [P_{12}(3,2) + P_{43}(1,2)\sin\theta - P_{43}(3,2)\cos\theta] \cdot d\tau$$

$$= -\left(\frac{ARW^2}{2}t^2 + \frac{RRW^2}{12}t^4\right) \cdot s_N - \frac{1}{6}\sigma_{g_N}^2 \cdot a_s^2 \cdot s_N \cdot t^3 - \frac{RRW^2}{24} \cdot a_c^2 \cdot s_N \cdot t^4$$

式中：a_s 为一个步态周期 $\sin\theta$ 的均值；s_N 为一个成人步态的步长。

$P_{43}(1,2)$ 的表达式中，计算了整个导航过程的积分结果，即每个步态周期 i 的累加值。每个步态周期的积分过程中，由于单个步态周期中相对速度 v_N 的变化率远大于时间 t 内的相对速度变化率，因此 t 被近似为常值 t_i 并移除积分符号。

然后，可以根据 $\boldsymbol{P}_{23}$ 与 $\boldsymbol{P}_{33}$ 传播规律有关的特点来估算 $\boldsymbol{P}_{23}$，二者在预测过程的数学关系见式(6.8)，在更新过程的数学关系见式(6.27)和式(6.29)。

通过可观测性实例，可以认为 $P_{13}(2,1)$ 在导航过程中接近为常值。因此，结合式(6.12)和式(6.29)，得

$$P_{12}(2,1)t_{\text{stride}} = N_{\text{stance}}P_{23}(1,1) \cdot P_{12}(2,1)/r^2 \tag{6.48}$$

或等价表示为

$$P_{23}(1,1) = \frac{r^2 \cdot t_{\text{stride}}}{N_{\text{stance}}} = \frac{r^2 \cdot t_{\text{stride}}}{f_s \cdot t_{\text{stance}}} \tag{6.49}$$

结合式(6.9)和式(6.10)，得

$$P_{23}(2,2) = P_{23}(1,1) - \int_0^t a_N P_{13}(3,2) \cdot d\tau \approx \frac{r^2 \cdot t_{\text{stride}}}{f_s \cdot t_{\text{stance}}} - P_{13}(3,2) \cdot v_N(t)$$

$$\tag{6.50}$$

这里解释一下，式(6.9)和式(6.10)中由足部运动引起加速度不能被忽略的原因。位置不确定性 $P_{33}(2,2)$ 是由 $P_{23}(2,2)$ 两次积分得到，加速度项 a_N 就会被传递到位移项 s_N 中。因此，尽管一个完整的步态周期内速度量 v_N 会回归到 0，但是其积分项 s_N 仍不能被忽略。式(6.6)中的加速度项仅被积分一次就得到速度不确定性的最终结果。这就导致忽略加速度项不会带来大的误差，而只是失去了一个步态周期内的部分波动信息。

结合式(6.8)和式(6.27),可以得到$P_{33}(1,1)$的全部增量。该增量在一个完整的步态周期内,与沿运动轨迹方向的位置不确定性的平方有关:

$$\Delta P_{33}(1,1) = 2P_{23}(1,1) \cdot t_{\text{stride}} - \frac{P_{23}(1,1)^2}{r^2} \cdot N_{\text{stance}} \approx \left(2 - \frac{t_{\text{stride}}}{4}\right) \frac{r^2 \cdot t_{\text{stride}}}{f_s \cdot t_{\text{stance}}} \cdot t_{\text{stride}} \tag{6.51}$$

因此,$P_{33}(1,1)$的传播规律表示为

$$P_{33}(1,1) = \left(2 - \frac{t_{\text{stride}}}{4}\right) \frac{r^2 \cdot t_{\text{stride}}}{f_s \cdot t_{\text{stance}}} \cdot t \tag{6.52}$$

采用相同的推导方式,$P_{33}(2,2)$的传播规律表达方式相似:

$$P_{33}(2,2) = \left(2 - \frac{t_{\text{stride}}}{4}\right) \frac{r^2 \cdot t_{\text{stride}}}{f_s \cdot t_{\text{stance}}} \cdot t + \frac{1}{3}\text{ARW}^2 \cdot s_N^2 \cdot t^3 + \frac{a_s^2}{12}\sigma_{g_N}^2 \cdot s_N^2 \cdot t^4 + \left(\frac{1}{30} + \frac{a_c^2}{60}\right)\text{RRW}^2 \cdot s_N^2 \cdot t^5 \tag{6.53}$$

令$\sigma_{\parallel} = \sqrt{P_{33}(1,1)}$、$\sigma_{\perp} = \sqrt{P_{33}(2,2)}$,其中$\sigma_{\parallel}$和$\sigma_{\perp}$分别为沿平行和垂直于轨迹方向的位置估计不确定度,即圆概率误差(circular error probable, CEP)长半轴和短半轴的1.2倍。

式(6.34)、式(6.40)、式(6.46)、式(6.52)和式(6.53)完整地描述了由IMU噪声引起姿态、速度和位置3种导航结果的不确定度。

6.2.5 观察结果

(1) 角度随机游走(angle random walk, ARW)、速度随机游走(velocity random walk, VRW)和RRW都会影响最终的导航不确定度,见式(6.40),更高的噪声引起更大的导航误差。

(2) 速度测量的不确定度r对最终的导航结果起重要作用;r数值越小,表明在EKF中零速信息的可靠性和权重越高,从而导航精度越高。但是,该参数数值由行人步态模式和地面类型决定[10]。因此,该数值不能随意设定,需要通过试验测试得到。

(3) 沿运动轨迹的位置不确定度取决于EKF中速度测量的不确定度r,并且与导航时间的平方根成正比。

(4) 垂直于运动轨迹的位置不确定度依赖于很多参量(见式(6.53)),但是,该参量由RRW决定,并且在长时间导航情况下,参量与时间的2.5次幂成正比。

(5) 行人的步态模式会影响导航误差。它受站立阶段和整个步态周期持续时间、俯仰角正弦与余弦值均值的比率影响,见式(6.38)。在一个步态周期中站立阶段所占比例越高,为EKF提供的量测量越多,EKF补偿IMU噪声越充

分,降低整体导航误差的效果越好。

(6) 加速度计随机游走(accelerometer random walk,AcRW)没有出现在模型中。这主要是因为假设足部摇摆阶段的速度协方差远小于速度测量不确定度 r。该结论与文献[9]一致。

(7) 上述分析结果只是导航误差的近似值,因为在公式推导过程中做了一些假设与近似。例如,二维足部运动、IMU 性能适中、高 IMU 采样频率、直线行走轨迹。这样近似分析结果的有效性,将在下一节论述。

6.3 分析结果的有效性

利用实例来支持前面推导得到的方程是一种有益的验证方式。本节采用实测实例与数值分析来验证上述分析结果。

6.3.1 数据验证

首先,我们采用计算机仿真来验证公式推导结果。在本例中,首先,基于 6.1 节的人体步态分析,生成了径直朝北走的直线轨迹和相应的 IMU 读数。其次,将数据模拟结果与公式推导结果比较。仿真过程中,生成的运动轨迹是一条朝北向行走的直线,包含 100 步。该行走耗时总时间为 53.6s,轨迹长度 77m。

6.3.1.1 ARW 影响

首先,讨论陀螺仪 ARW 对导航误差的影响。在保持其他参数为常值的情况下,将 ARW 从 0.01 到 10(°)/$\sqrt{h}$ 遍历取值(从导航级到消费级)。加速度计 VRW 设定值为 $0.14 \times 10^{-3} g/\sqrt{Hz}$(工业级),陀螺仪 RRW 设定值为 $0.048(°)/(s \cdot \sqrt{h})$,采样频率为 800Hz。图 6.6 所示为仿真结果曲线。上图为 ARW 与速度估算不确定度之间的关系,下图为 ARW 与角度估算不确定度之间的关系。需要注意的是,角度估算结果的不确定度是指横滚角与俯仰角,这是因为方位角在 EKF 中无法观测,传播规律见式(6.34)。在这两幅图中,实线是公式推导分析结果,误差柱状线是仿真结果。仿真结果曲线可以看出估算误差不是一个数值,而是在一个范围内波动,这是因为导航过程中估算误差的协方差是波动的(图 6.5)。误差柱状线的上边界和下边界显示了波动的幅度,方块表示波动均值。

公式推导结果曲线与仿真结果曲线的高度匹配说明了分析结果的有效性。图 6.6 表明当 ARW 取值小于 $0.1(°)/\sqrt{h}$ 时,速度估算不确定度与角度估算不确定度不受 ARW 的影响。对上述现象的一种解释是,在这种情况下,导航误差主要被其他误差(如 VRW 和 RRW)影响,因此,它与 ARW 取值无关。速度不确

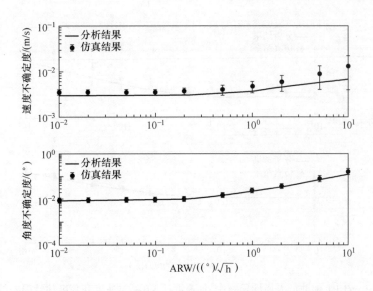

图 6.6 ZUPT 辅助行人惯性导航中,陀螺仪 ARW 对速度和角度估计误差的影响

定度波动的下限值几乎不受 ARW 的影响。这是因为速度不确定度波动的下限受限于 EKF 中速度测量不确定度数值的设定,该设定值是在模型中是不变的。还需要注意的是,角度不确定度的波动远小于速度不确定度。这是因为在 ZUPT 辅助导航解算过程中,速度是直接被观测的,EKF 可以直接估算速度真值并减小速度不确定度。然而,角度估计是通过速度和角度耦合实现的,从而导致可观测度降低。

6.3.1.2 VRW 影响

相似地,将加速度计 VRW 从 $0.01\times10^{-3}\,g/\sqrt{Hz}$ 到 $10\times10^{-3}\,g/\sqrt{Hz}$ 遍历取值,陀螺仪 ARW 设为恒定值 $0.21(°)/\sqrt{h}$(工业级),RRW 设为恒定值 $0.048(°)/(s\cdot\sqrt{h})$。仿真如图 6.7 所示。正如预期的那样,当 VRW 较小时,曲线变得平缓,这是因为在该取值范围内,导航误差主要受陀螺仪误差影响。

6.3.1.3 RRW 影响

如式(6.53)所示,RRW 是影响导航精度的主要误差源,将陀螺仪 RRW 取值从 $6\times10^{-4}(°)/(s\cdot\sqrt{h})$ 到 $0.6(°)/(s\cdot\sqrt{h})$ 遍历取值。陀螺仪 ARW 设为恒定值 $0.21(°)/\sqrt{h}$,VRW 设为恒定值 $0.14\times10^{-3}g/\sqrt{Hz}$。RRW 对速度和角速估算误差的影响如图 6.8 所示。

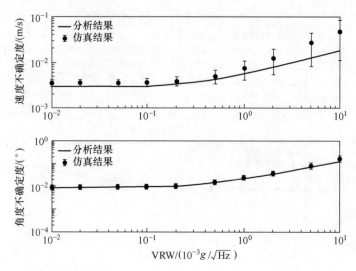

图 6.7 ZUPT 辅助行人惯性导航中,加速度计 VRW 对速度和角度估计误差的影响

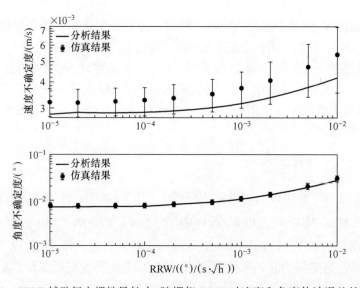

图 6.8 ZUPT 辅助行人惯性导航中,陀螺仪 RRW 对速度和角度估计误差的影响

图 6.9 所示为位置不确定度与 RRW 之间关系曲线。这里,公式推导分析结果与仿真模拟结果之间有 10% 的差异。注意,垂直于运动轨迹的位置不确定度不受 RRW 影响,而主要受站立阶段速度不确定度的影响。因此,速度测量值不确定度越小,导航精度越高。以下几个方式可以减小速度测量不确定度,从而提高整体导航精度。

(1) 一双更坚硬的鞋子,减小行走过程中的形变;

(2) 选择固连 IMU 的最佳位置,以保证足部站立阶段 IMU 的状态更接近于静态;

(3) 鞋上安装减震器,以防鞋子和地面之间的强烈冲击[11]。

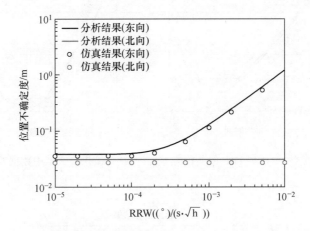

图 6.9　陀螺仪 RRW 与位置估算不确定度之间的关系

6.3.2　试验验证

接下来,我们采用一组实测试验来证明前面的分析结果。

试验中,将 VectorNav VN-120 型 INS(工业级)通过 3D 打印方式连接在右脚上,行走过程中,实时采集 IMU 输出数据。通过计算加速度计和陀螺仪测量数据的艾伦方差来确定 IMU 的性能[12],测试结果如图 6.10 所示。IMU 的 ARW、VRW 和 RRW 分别为 $0.21(°)/\sqrt{h}$、$0.14×10^{-3} g/\sqrt{Hz}$ 和 $0.048(°)/(s \cdot \sqrt{h})$。采样频率设定为 800Hz(IMU 最高采样频率),该采样频率能够捕捉到所有高频运动特征。直线行走的轨迹约为 100m,导航总时间约为 110s。在每次行走的前 10s,足部处于静止状态,用来完成 IMU 的初始标校过程,以及初始横滚角和俯仰角的对准过程。足部初始航向角由磁力计给出。通过采集 40 次行走试验的 IMU 数据,计算导航过程中相对真实位置的不确定度。

40 次行走试验的导航误差曲线如图 6.11 所示。在所有试验中,行走的真实轨迹是朝北向的直线。而所有估算轨迹都表现为向右侧漂移,平均漂移值为 1.82m。这一现象是足部在站立阶段速度不为 0 与陀螺仪的 g 敏感误差导致的,文献[9]中有更详细的描述。该漂移是系统误差引起的,具体细节会在第 7 章中讨论。

图 6.12 所示为 40 次轨迹解算终点的放大图。所有的终点都在一个长 2.2m、宽 0.8m 的长方形范围内。基于图 6.10 所示的 IMU 性能和基于

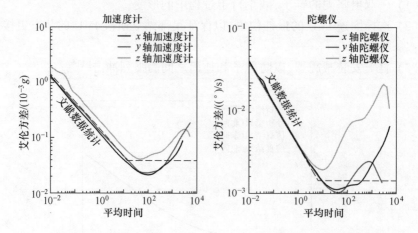

图 6.10 试验中用到 IMU 的艾伦方差统计,统计结果与文献中数据的比较[13]

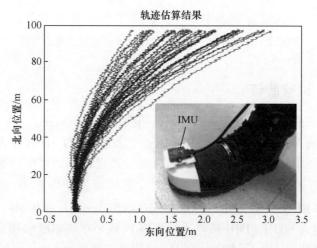

图 6.11 40 次行走轨迹的导航误差。试验时间的均值约为 110s,包括初始校准。
需要注意,沿两坐标轴的比例因子不同,对误差累积的影响也不同(资料来源:Wang 等[11])

式(6.52)和式(6.53)的分析结果,计算位置估计结果的不确定度为 $\sigma_\parallel$ = 0.07m、$\sigma_\perp$ = 0.43m。假设位置误差服从正态分布,那么,99%的数据点应该在一个椭圆形分布中,该椭圆的长半轴为 $6\sigma_\perp$ = 2.58m、短半轴为 $6\sigma_\parallel$ = 0.42m。在垂直于轨迹的方向上,解析结果在试验结果的 20% 以内,表现出良好的一致性。在沿轨迹的方向,解析结果比试验结果小约 50%,可能是由系统建模误差或者在站立阶段解算速度的不确定度引起的。在模型分析过程中,没有考虑足部接触地面时 IMU 受到的冲击和振动,它们也可能带来系统的额外误差。IMU 安装在足部时,导航误差较大的现象在文献[14]中也有描述。

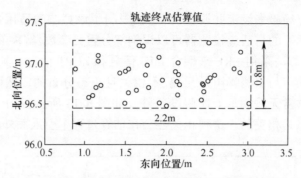

图 6.12 40 次行走轨迹的终点误差。
所有数据都在一个长 2.2m、宽 0.8m 的长方形范围内

6.4 零速校正辅助技术的缺陷

相比不采用任何辅助技术的纯惯性算法,ZUPT 辅助惯性导航算法可以消除行人导航过程中的速度漂移,进而大大降低了导航误差。然而,为了进一步提高 ZUPT 辅助行人惯性导航的导航精度,该算法的一些缺陷与不足需要进一步讨论并解决[9]。本节主要讨论 ZUPT 的局限性,更多解决 ZUPT 缺点的方法细节会在第 7 章中讨论。

ZUPT 应用过程中,最重要且最基础的假设是在行人站立阶段足部速度为 0[10,15],但实际行走过程中站立阶段足部的速度不会完全等于 0。每一步解算的残余速度都会累积到位置误差中。对步长和方位角的估算误差都来源于此。一方面,站立阶段采用 ZUPT 方法来消除速度漂移是必要的;另一方面,由于速度为 0 的假设,过度地使用 ZUPT 方法会带来额外误差。解决该问题的一种方式是改进 ZUPT 检测器,以优化每个解算周期中 ZUPT 带来的误差。另一种方式是对足部运动建立更精确的模型,取代零速状态的简单假设。其他额外传感器(如压力传感器、光学跟踪器和磁力计)也可以用来测量足部运动,以校正 ZUPT 带来的误差。

ZUPT 辅助技术的另一种局限性是 IMU 需要安装在足部。由于人类行走是动态过程,脚部的运动幅度要比身体的运动幅度大得多,最大角速度可达到 $1000\sim2000(°)/s$,最大比力可以达到 $10\sim15g$。因此,该技术需要 IMU 测量范围要远大于普通车载导航的 IMU。此外,由于在脚跟着地时比力变化很快,需要更高的采样频率和更宽的采样带宽;否则,系统测量误差会被累积增大。

该算法还涉及 ZUPT 的状态检测,该检测过程是一个二元假设检测过程,即利用 IMU 测量值判断足部是处于站立阶段还是摇摆阶段。在检测之前,需要已知站立阶段与摇摆阶段 IMU 测量值分布特性,这与许多参数有关,如行走模式、步速与地面类型。然而,在典型导航过程中,上述参数全部未知。因此,检测器

参数一般是通过经验来设定并调整的,这就限制了该算法的适用性。基于贝叶斯方法或机器学习的自适应检测器可以识别部分重要参数,解决部分问题。

ZUPT 辅助方法采用 EKF 来融合 IMU 信息和 ZUPT 信息。其中,EKF 使用的前提是过程噪声与量测噪声是无偏、不相关且正态分布的。然而,ZUPT 辅助行人惯性导航常常无法满足上述假设条件。如图 6.13 所示,ZUPT 辅助行人惯性导航中的新息是相关的。这种相关性会在估算过程中引入额外的系统误差。

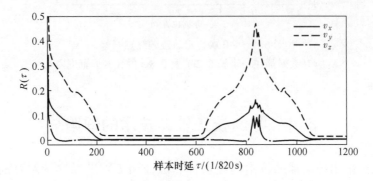

图 6.13　ZUPT 辅助行人惯性导航中,数据序列沿 x、y、z 轴分量的自相关函数
(资料来源:Nilsson 等[9])

6.5　总　　结

本章推导了在 ZUPT 辅助行人惯性导航中与 IMU 误差和导航误差相关的解析误差模型。采用仿真模拟与实测试验来证明不同参数的影响。仿真模拟、实测试验分别与解析模型的误差为 10%、20%。由 z 轴陀螺仪 RRW 引起的计算运动轨迹沿一个角度漂移是降低导航精度的主要影响因素。解析结果与模拟仿真之间的微小差异表明了分析的准确性,而解析结果与实测试验结果之间相对较大的差异可能是由系统建模误差引起的,如零偏、相关过程噪声、非线性导航动态特性和零速假设,这些问题将在第 7 章讨论。

本章分析由 IMU 误差引起的导航误差幅度,为行人惯性导航误差分析的基础。这也可以辅助传感器内部的误差分析,从而帮助 ZUPT 辅助行人惯性导航任务中不同性能、不同型号传感器的选择。

参 考 文 献

[1] Tao, W., Liu, T., Zheng, R., and Feng, H. (2012). Gait analysis using wearable sensors. *Sensors* 12 (2): 2255-2283.

[2] Murray, M. P., Drought, A. B., and Kory, R. C. (1964). Walking gait of normal man. *Journal of Bone & Joint Surgery* 46: 335-360.

[3] Perry, J. and Davids, J. R. (1992). Gait analysis: normal and pathological function. *Journal of Pediatric Orthopaedics* 12 (6): 815.

[4] Whittle, M. W. (2002). *Gait Analysis: An Introduction*, 3e. Oxford: Butterworth-Heinemann.

[5] Wang, Y., Chernyshoff, A., and Shkel, A. M. (2018). Error analysis of ZUPT-aided pedestrian inertial navigation. *IEEE International Conference on Indoor Positioning and Indoor Navigation (IPIN)*, Nantes, France (24-27 September 2018).

[6] Jimenez, A. R., Seco, F., Prieto, J. C., and Guevara, J. (2010). Indoor pedestrian navigation using an INS/EKF framework for yaw drift reduction and a foot-mounted IMU. *IEEE Workshop on Positioning Navigation and Communication (WPNC)*, Dresden, Germany (11-12 March 2010).

[7] Wang, Y., Vatanparvar, D., Chernyshoff, A., and Shkel, A. M. (2018). Analytical closed-form estimation of position error on ZUPT-augmented pedestrian inertial navigation. *IEEE Sensors Letters* 2 (4): 1-4.

[8] Titterton, D. and Weston, J. (2004). *Strapdown Inertial Navigation Technology*, 2e, vol. 207. AIAA.

[9] Nilsson, J. O., Skog, I., and Handel, P. (2012). A note on the limitations of ZUPTs and the implications on sensor error modeling. *IEEE International Conference on Indoor Positioning and Indoor Navigation (IPIN)*, Sydney, Australia (13-15 November 2012).

[10] Wang, Y., Askari, S., and Shkel, A. M. (2019). Study on mounting position of IMU for better accuracy of ZUPT-aided pedestrian inertial navigation. *IEEE International Symposium on Inertial Sensors & Systems*, Naples, FL, USA (1-5 April 2019).

[11] Wang, Y., Chernyshoff, A., and Shkel, A. M. (2020). Study on estimation errors in ZUPT-aided pedestrian inertial navigation due to IMU noises. *IEEE Transactions on Aerospace and Electronic Systems* 56 (3): 2280-2291.

[12] El-Sheimy, N., Hou, H., and Niu, X. (2008). Analysis and modeling of inertial sensors using Allan variance. *IEEE Transactions on Instrumentation and Measurement* 57 (1): 140-149.

[13] VectorNav (2020). VN-200 GPS-Aided Inertial Navigation System Product Brief. https://www.vectornav.com/docs/default-source/documentation/vn-200-documentation/PB-12-0003.pdf?sfvrsn=749ee6b9_13.

[14] Laverne, M., George, M., Lord, D. et al. (2011). Experimental validation offoot to foot range measurements in pedestrian tracking. *ION GNSS Conference*, Portland, OR, USA (19-23 September 2011).

[15] Peruzzi, A., Della Croce, U., and Cereatti, A. (2011). Estimation of stride length in level walking using an inertial measurement unit attached to the foot: a validation of the zero velocity assumption during stance. *Journal of Biomechanics* 44 (10): 1991-1994.

第 7 章

零速校正辅助行人惯性导航的导航误差抑制技术

零速校正(zero-velocity update,ZUPT)辅助行人惯性导航中,许多误差源会引起导航误差。误差源可大致分为两类:由惯性测量单元(inertial measurement unit,IMU)引起的误差和由导航算法引起的误差。如第 4 章描述,IMU 误差可以分为随机量和系统(常值)量。典型的 IMU 随机误差包括传感器白噪声和随机游走。其中,随机游走可以通过扩展卡尔曼滤波(extended Kalman filter,EKF)估算并补偿,而白噪声只能通过选用更高等级的 IMU 来解决。系统误差通常为相对稳定的常值量,可以在导航之前利用标校过程来补偿。

另外,由导航算法引起的误差主要是由算法建模不准确引起的。正如在第 6 章讨论的,站立阶段的足部速度不可能完全为 0,而算法中是以零速假设为前提的。由计算过程引起导航误差同样也分为随机型和系统型。导航误差源总结如表 7.1 所列。需要注意的是,残差速度可能同时包含随机误差与常值误差。

表 7.1 ZUPT 辅助行人惯性导航中的潜在误差源

潜在误差源		误差源	
		IMU 相关	算法相关
误差属性	随机	白噪声	相关噪声
		随机游走	速度残差
	系统	非正交性	站立阶段漏检
		g 敏感误差	速度残差

本章主要讨论可以应用到 ZUPT 辅助行人惯性导航中的一些方法,以减小导航误差。本章介绍的方法限制在"只需要将 IMU 安装在脚上,而不需要其他额外传感器"的范围。涉及更多传感器的其他方法将在第 9 章介绍。

7.1 惯性测量单元安装位置选择

ZUPT 辅助行人惯性导航系统中,需要用足绑式 IMU 采集数据。图 7.1 展示了几种不同的 IMU 安装部位。这里主要回答以下几个问题:"脚上哪个位置是 IMU 的最佳安装位置?""我们如何定义最佳?"。第 6 章已经得到了上述问题部分定性结论,如测试过程中,希望冲击力较小、站立解算时间较长。本部分通过比较 2 种最常用的 IMU 安装位置来定量地回答上述问题,这两个位置即前脚掌上方与脚跟后面。

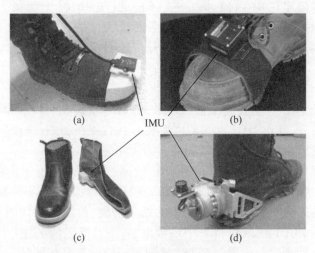

图 7.1　IMU 可以安装在足部的位置
(资料来源:文献[1-4])

7.1.1　数据采集

将两个相同性能的工业级 IMU(VectorNav VN-200 IMU)分别刚性连接安装在靴子的前脚掌上方和后脚跟,同时采集前脚掌和后脚跟的运动数据。两个 IMU 的噪声特性通过艾伦方差估算,并与数据表[5]进行比较。测试结果如图 7.2 所示,可以看出来,两个 IMU 具有相同的噪声水平。这样可以避免试验中由于 IMU 性能参数的不同可能出现的一些差异。

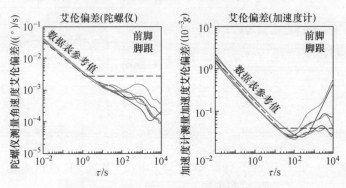

图 7.2　本书所用 IMU 噪声特性(见彩插)

试验过程邀请了不同的参与者，IMU 安装在靴子的前脚掌与后脚跟的同时，每个参与者都以不同的速度在不同的地面上行走，以确保试验结论的普遍性和有效性。对于每次试验，都采集 600 大步(1200 步)的运动轨迹。在节拍器的辅助下，测试者以固定步速行走，获得更好的后处理结果，但是计步器的记录结果不参与导航精度评估。不同的地面类型(如硬地板、草地和沙地)也被纳入测试范畴。步速限定在 84~112 步/min。不同的行走轨迹(上楼和下楼)也在测试范围内。试验测试中，测试了 4 位不同参试者以四种不同的模式行走。行走过程中实时采集 IMU 数据，随之后处理并分析数据。

7.1.2 数据平均

为了比较 IMU 不同安装位置的效果，将 IMU 安装在前脚掌和后脚跟来采集 IMU 数据。首先，通过 IMU 数据平均来减小 IMU 噪声影响，再提取部分参数，如行走过程中站立阶段的时间长度和冲击力大小。

测试过程中，600 个步态周期的 IMU 数据被平均。数据平均的主要目的是去除大部分白噪声，以更好地提取步态运动特征参数。在平均数据的基础上，引入零速检测器来检测一个步态周期中的站立阶段，检测结果如图 7.3 所示。左图是前脚掌的 ZUPT 状态和 IMU 平均数据，右图是脚跟的 ZUPT 状态与 IMU 平均数据。IMU 两个安装位置的 ZUPT 检测器阈值设置是相同的。由图 7.3 可以看出，IMU 安装在前脚掌和后脚跟两个位置时，站立阶段的平均时间为 0.498s 和 0.363s，IMU 受到的冲击分别可达 $80m/s^2$ 和 $150m/s^2$。当 IMU 安装在前脚掌时，更长的站立时间与更小的地面冲击会有效地提高导航精度。当 IMU 安装在脚跟后面时，ZUPT 检测到的脚跟站立状态出现中断，这表明 IMU 在站立期间是运动的，即此阶段稳定性不足。IMU 安装在前脚的缺点是陀螺仪最大测量值为 800(°)/s，而安装在脚跟的陀螺仪最大测量值为 450(°)/s。本书中，陀螺仪的最大测量范围是 2000(°)/s，这种情况下，陀螺仪实际测量量程不是问题。然而，选择一个量程足够的 IMU 仍是一个重要考虑因素。

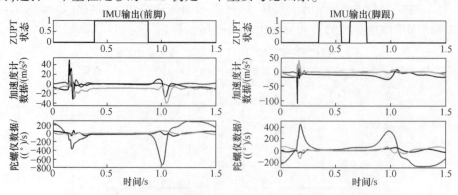

图 7.3 比较安装在前脚掌和脚跟的 IMU 的平均数据和 ZUPT 状态。
定义 ZUPT 数值为 1 是处于站立阶段(见彩插)

大多数基于 MEMS 的惯性传感器测量带宽无法满足脚跟着地时剧烈冲击下的足绑式惯性导航需求[6]。在本书中,传感器测量带宽为 250Hz,带宽不足的影响可以忽略[7]。

7.1.3 数据处理总结

表 7.2 列出了不同步速和不同地面材质情况下的站立阶段分析结果。第 5 章介绍了足部站立期间速度不确定性的计算方法,这里不再赘述。当在沙地上行走时,站立解算的速度不确定性最高,草地次之,硬地板行走的不确定性最低。该测试结果在意料之中,因为柔软地面行走会提高速度不确定性。9 种测试都得到了相同的结论,即相比后脚跟,前脚掌是更好的安装位置,且速度不确定性平均降低 20%、站立阶段时间变长 20%。

表 7.2 不同地面材质下站立阶段分析汇总

地板材质	步速/(步/min)	速度不确定度/(m/s)		站立阶段时长/s	
		脚跟	脚掌	脚跟	脚掌
硬地板	84	0.022	0.016	0.36	0.50
	100	0.025	0.020	0.33	0.39
	112	0.029	0.024	0.29	0.34
草坪	84	0.046	0.032	0.48	0.55
	100	0.052	0.035	0.38	0.45
	112	0.055	0.045	0.34	0.39
沙地	84	0.060	0.048	0.51	0.48
	100	0.076	0.050	0.37	0.37
	112	0.095	0.051	0.31	0.32

表 7.3 列出了上楼和下楼的区别,表 7.4 列出了不同参试者(不同行走模式)在硬地板上的行走数据分析。上述情况下得到的结论基本一致,即 IMU 安装在前脚掌上比安装在脚跟更合适,因为前者的站立阶段时间更长,且速度不确定性更低。

表 7.3 不同行动轨迹站立阶段分析汇总

轨迹	步速/(步/min)	速度不确定度/(m/s)		站立阶段时长/s	
		脚跟	脚掌	脚跟	脚掌
上楼	84	0.086	0.042	0.51	0.53
	100	0.088	0.038	0.39	0.45
	112	0.086	0.029	0.33	0.39

续表

轨迹	步速/(步/min)	速度不确定度/(m/s)		站立阶段时长/s	
		脚跟	脚掌	脚跟	脚掌
下楼	84	0.084	0.055	0.48	0.58
	100	0.083	0.042	0.31	0.42
	112	0.080	0.038	0.27	0.30

表7.4　不同受试者站立阶段分析汇总

受试者编号	步速/(步/min)	速度不确定度/(m/s)		站立阶段时长/s	
		脚跟	脚前	脚跟	脚前
受试者1	84	0.022	0.016	0.36	0.50
	100	0.025	0.020	0.33	0.39
	112	0.029	0.024	0.29	0.34
受试者2	84	0.044	0.028	0.49	0.50
	100	0.040	0.026	0.29	0.31
	112	0.034	0.020	0.27	0.27
受试者3	84	0.052	0.035	0.48	0.52
	100	0.071	0.026	0.34	0.37
	112	0.022	0.020	0.28	0.30
受试者4	84	0.029	0.026	0.38	0.42
	100	0.040	0.034	0.28	0.33
	112	0.031	0.021	0.27	0.28

表7.2~表7.4列出的所有数值分析结果都可以指导确定站立阶段的速度不确定性。从统计数据中可以得到如下结论。

(1) 本研究过程考虑的因素中，地面类型对站立阶段速度不确定性的影响最大。地面越硬，速度不确定性越小。例如，IMU安装在前脚掌，步速84步/min，在硬地板上行走时，速度不确定性为0.016m/s；在草地上行走时，该数值增大到0.032m/s；在沙地上行走时，该值为0.048m/s。此外，站立时长与地面类型无明确关系。

(2) 上楼和下楼两种情况下，IMU安装在前脚掌的速度不确定性要比安装在脚跟上低得多。这主要是由于大多数人在上楼或下楼时，主要使用前脚掌作为支撑，而后脚跟则主要悬在空中。楼梯对前脚掌的坚实支撑会大大降低速度不确定性。此外，如果IMU安装在前脚掌上，则会提高站立阶段的时间长度。

(3) 本书共描述了4位参试者的测试结果。虽然4个人的步态有所不同，但仍可以得出结论,将 IMU 安装在前脚掌,速度不确定性更低、站立时间更长。

(4) 步速越快,站立阶段持续时间越短。但是,步速与站立阶段速度不确定性之间的关系无法确定。这可能与不同人的步态模式有关。较小的步速会使人在地面上踩得更稳,从而减小脚部的滑动。

(5) 如果 IMU 安装在前脚掌,则站立时间持续更长。这可以用图 6.2 所示的步态周期中每个阶段的持续时间来解释。在整个步态周期中,有约 40% 的时间脚跟着地,前脚掌着地时间约为 45%。在所有不同情况下,前脚掌的站立阶段速度不确定性相对较低。

7.1.4 试验证明

接下来,通过比较 IMU 在足部安装位置的不同(前脚掌与脚跟)来分析 IMU 安装位置与导航精度的直接关系。

这里设定单次行走的试验路径为一个直径为 8m 的圆形轨迹,行走 10 圈,进而用试验证明 IMU 安装位置对圆概率误差(circular error probable,CEP)的影响。运动轨迹选择闭环的原因是更便于提取导航位置误差。试验共进行 34 次,平均单次导航时间为 260s,导航误差结果如图 7.4 所示。从中可以看出,IMU 安装在前脚掌的 CEP 值为 0.96m,而 IMU 安装在脚跟的 CEP 值增大到 1.79m。

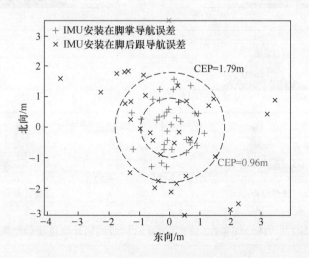

图 7.4　同一圆形轨迹 34 次测试的导航误差

图 7.5 所示为 IMU 安装在前脚掌与脚跟两个位置的导航误差比较。从中可以清楚地看到,IMU 安装在脚掌的轨迹估计结果更加平滑,这是因为站立阶段的位置校正量更小,且摇摆阶段的噪声累积更小。为了更好地解释 EKF 性能,我们来分析 EKF 的新息特点。新息,也称测量残差,被定义为测量值与其预

测值之间的差值[8]。ZUPT 辅助行人惯性导航中,新息是足部站立阶段速度估算值与足部速度伪测量值之间的差值。图 7.5 的下半部分描述了同一次试验的新息分布。IMU 安装在脚掌时,新息的协方差相对较小,导航精度更高。需要注意的是,部分测量新息在 3σ 之外,这可能与 ZUPT 检测过程中的虚警有关。

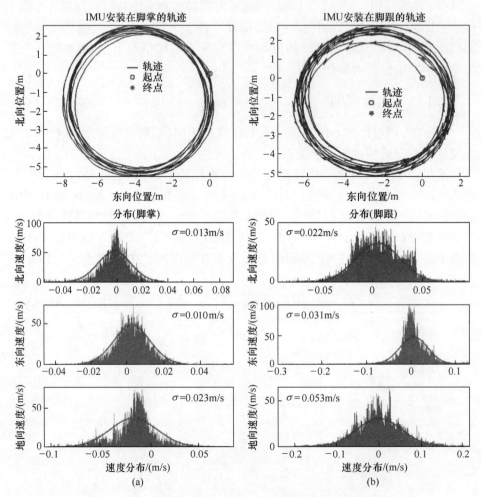

图 7.5　IMU 安装在(a)脚掌与(b)脚跟的估计轨迹比较结果

7.2　速度残差标校

文献中已经证实,轨迹长度估算值偏低与足部在站立阶段假设足部速度为 0 有关[6]。为了量化分析零速假设与轨迹估算值偏低之间的关系,需要进一步记录和分析站立阶段的足部运动规律。

在分析脚步运动的示例性试验中,可以使用一个磁性运动跟踪系统。该实验中,试验系统主要包括两部分:一个是放置在地面上的参考磁场源,另一个是用夹具安装在 IMU(VectorNav VN-200)上的跟踪器。试验装置如图 7.6 所示。轨迹追踪系统能够在 60Hz 的采样频率下获得跟踪器与磁场信号源之间的相对位置,标称分辨度为 1mm[9]。足部速度可以通过相对位置对时间求导获得。

图 7.6　试验中足部站立阶段的数据记录方式

图 7.7 所示为沿北向以约 84 步/min 的速度行走,70 个步态周期的记录结果。粗实线是沿 3 个方向的速度均值。站立阶段的时间长度为 0.5~0.9s(图中红色框内)、足部速度约为 0。图 7.8 所示为站立阶段的速度放大曲线。粗实线是足部速度均值,黄色虚线对应于零速度。可以清楚地观察到速度残差在

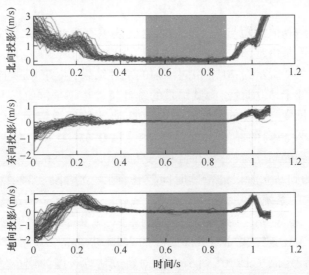

图 7.7　一个步态周期内足部速度沿 3 个方向的投影
(粗实线表示沿 3 个方向的速度均值,见彩插)

0.01m/s 的数量级,因此,站立阶段速度为 0 的假设会带来系统导航误差。蓝色的虚线为速度 1σ 分布,站立阶段的速度不确定度约为 0.02m/s。测量噪声是由运动跟踪器的低采样率、利用测距相对时间求导测速两方面造成的。需要注意的是,由求导过程引起的波动将增加测量速度的方差。因此,利用该方法得到的速度方差不能用于速度不确定度的计算,但测量速度均值仍被视为是准确的。

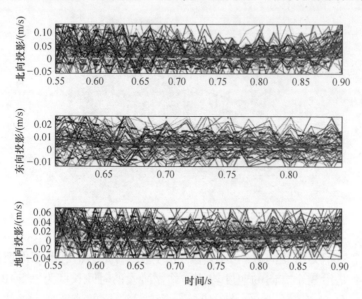

图 7.8　站立阶段足部速度放大曲线(黄色虚线对应零速状态,
蓝色虚线为 1σ 下的速度分布,见彩插)

轨迹长度估算值偏短与站立阶段的速度残差有直接关系。然而,站立阶段的速度残差也不是恒定值。因此,其平均值与 ZUPT 检测确定的站立阶段时间长度有关。图 7.9 所示为 70 个相同步幅的统计结果,粗实线是均值结果。

即使足部处于站立阶段,测试结果的统计特性也不是常值。因此,检测到站立阶段的时间长度与预设的阈值有关。例如,如果阈值设定为 1×10^4(图 7.9 中的绿色虚线),检测到的站立阶段持续时长在 0.65~0.8s。如果阈值增加到 3×10^4,则检测到的站立阶段持续时长会变化到 0.57~0.86s(图 7.9 中的外侧虚线)。如果检测到站立阶段的持续时间较长,则站立阶段足部平均速度残差较大,会导致更大的系统误差。

为了进一步验证站立阶段速度残差的影响,采集了 10 次轨迹长度为 100m 的直线轨迹的 IMU 测试数据,步行速度约为 84 步/min。对于每个轨迹,ZUPT 检测器的阈值设定值从 1×10^4 到 5×10^4,对轨迹估算长度的偏小量如图 7.10 所示。图中,粗实线是先前分析结果,细线为试验测试结果。曲线的匹配度很高,证明了站立阶段的速度残差是导致轨迹长度估算结果偏小的主要因素。

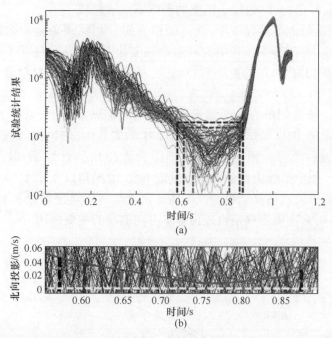

图7.9 （a）记录70个相同步态的统计结果，粗实线为均值；（b）站立阶段沿运动轨迹方向的足部速度残差。绿色、蓝色、黑色虚线对应的阈值分别为 1×10^4、2×10^4、3×10^4（见彩插）

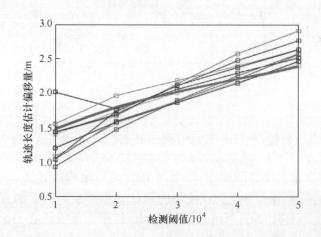

图7.10 轨迹长度估计偏移量与ZUPT检测阈值之间的关系
（粗实线是前面分析结果，细实线为10次不同测试结果，见彩插）

7.3 陀螺仪 g 敏感误差标校

陀螺仪 g 敏感是陀螺仪对外部加速度的错误测量。由于人类行走过程中，

IMU 受到的高冲击力,陀螺仪 g 敏感的影响不能被忽视。

ZUPT 辅助行人惯性导航中,轨迹朝单方向的漂移现象是由陀螺仪 g 敏感引起的[10-11]。由于行走过程中的剧烈动态变化,文献[12]证明了该状态下方位误差角会以 135(°)/h 的速率累积增大,尽管选用陀螺仪的零偏不稳定性仅有 3(°)/h。

为了讨论轨迹朝单方向漂移量与方位角漂移联系起来,采集了一次 550m 北向直线行走的 IMU 测试数据。图 7.11 中的实线为试验估计轨迹,表现为以一个漂移率向右漂移。图 7.11 中的插图为方位角估计结果,其漂移速率为 0.028(°)/s。图中虚线为在假设速度恒定不变、航向角以 0.028(°)/s 速率增长的情况下的解析轨迹估算结果。试验估计轨迹与解析轨迹偏差在 10m 以内,基本重合,这说明方位角漂移是轨迹估算单方向漂移的主要原因。

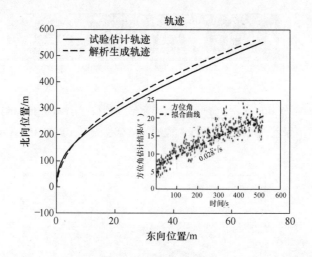

图 7.11 实线为试验估计轨迹结果,虚线为方位角以 0.028(°)/s 速率变化时的解析生成轨迹。需要注意的是,x 轴和 y 轴的比例因子不同,插图说明方位角增大速率为 0.028(°)/s

为了确定方位角漂移的原因,需要对 IMU 进行全维度校正,不仅包括陀螺仪和加速度计零偏,还有非正交误差与陀螺仪 g 敏感度。对于消费级和工业级 IMU,这些数据是不提供的。标校过程中,IMU 被刚性地安装在一个倾斜台上以实现随意旋转到不同方向,其中,倾斜台被安装在一个单轴速率转台(IDEAL AEROSMITH 1270VS)上以获得一个恒定的参考旋转角速率。试验装置如图 7.12(a)所示。标准的 IMU 标定流程可参考文献[14],标定结果如下:

$$\boldsymbol{b}_a = \begin{bmatrix} -0.025 \\ -0.0176 \\ 0.1955 \end{bmatrix}, \quad \boldsymbol{M}_a = \begin{bmatrix} 1.0020 & -0.0083 & -0.0042 \\ 0.0055 & 0.9986 & 0.0051 \\ 0.0067 & -0.0039 & 0.9964 \end{bmatrix},$$

$$\boldsymbol{b}_g = \begin{bmatrix} -0.0893 \\ 0.0375 \\ -0.0412 \end{bmatrix}, \quad \boldsymbol{M}_g = \begin{bmatrix} 0.9972 & -0.0041 & -0.0067 \\ 0.0041 & 0.9972 & 0.0052 \\ 0.0067 & -0.0027 & 1.0019 \end{bmatrix},$$

$$\boldsymbol{G}_g = \begin{bmatrix} 0.0041 & 0.0002 & -0.0005 \\ 0.0002 & 0.0025 & 0.0002 \\ -0.0005 & -0.0006 & -0.0022 \end{bmatrix}$$

图 7.12 （a）IMU 静态标定试验装置；（b）测量陀螺仪 g 敏感值与加速度频率之间关系的试验装置[13]

式中：$\boldsymbol{b}_a$ 为加速度计零偏(m/s^2)；$\boldsymbol{b}_g$ 为陀螺仪零偏(($°$)/s)；$\boldsymbol{M}_a$ 为加速度计失准角矩阵；$\boldsymbol{M}_g$ 为陀螺仪失准角矩阵①；$\boldsymbol{G}_g$ 为陀螺仪 g 敏感矩阵(($°$)/(s·(m/s^2)))。

这些数据用于 IMU 测量值的补偿，补偿后结果作为导航解算的输入。陀螺仪的 g 敏感值约在 $0.002(°)/(s·(m/s^2))$ 数量级。如果一个典型的足部安装 IMU，受到的冲击力为 $10g$ 数量级，则会引起 $0.2(°)/(s·(m/s^2))$ 的陀螺漂移，如果不补偿的话，则会直接引起较大的导航误差。

需要注意的是，陀螺仪 g 敏感度矩阵是在静态环境下测试的。因为 IMU 在导航过程中会经历剧烈动态变化，因此，在动态环境下测量陀螺仪 g 敏感度矩阵也是必要的。为了实现该目的，IMU 被刚性地安装在振动器（APS Dynamics APS-500）上，其振动频率范围是 10~160Hz，当振动器工作时，实时记录陀螺仪测量数据。试验装置如图 7.12(b)所示。为了保证可重复性，进行了 3 次独立测量。图 7.13 所示为陀螺仪 g 敏感度与振动器振动频率之间的关系。振动器

---

① 译者注：$\boldsymbol{M}_a$、$\boldsymbol{M}_g$ 原则上有单位，但原著未给出。从实际测试数值来看，不能确定单位是什么，结合上下文，译者推测单位可能是度($°$)，也有可能是弧度(rad)。

的振动频率不高于 140Hz 时,陀螺仪的 g 敏感度在 $0.0022(°)/(s·(m/s^2))$ 的附近稳定波动。图 7.13 的插图为 2min 标准行走过程中,z 轴加速度计输出的 FFT 结果。当频率高于 80Hz 时,频谱接近为 0。因此,在行人导航的整个频率范围内,陀螺仪 g 敏感矩阵可以被视为常值。

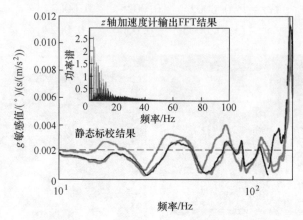

图 7.13　陀螺仪 g 敏感值与三次独立测量得到的振动频率之间的关系
(虚线为静态标校过程中陀螺仪 g 敏感测量值,插图为 2min 行
走过程中 z 轴加速度计输出的 FFT 结果,见彩插)

7.4　导航误差补偿结果

本节主要讨论用试验证明速度残差和陀螺仪 g 敏感度标定对导航误差的影响。

补偿系统误差主要包括两个步骤:①对 IMU 误差标定,去除传感器零偏、非正交性,特别是陀螺仪 g 敏感值的影响;②根据 7.2 节描述的步态模式,通过步态模式设置支撑阶段足部速度的伪测量量,而不是直接设为 0。

试验过程中,IMU 被安装在脚趾顶部。试验轨迹是长度为 99.6m 的直线轨迹,总共采集 40 次行走数据。图 7.14 所示为不补偿与补偿后的解算轨迹比较。从中可以看出,轨迹方位角漂移得到了补偿,但受比例因子的影响,沿运动轨迹方向的补偿效果并不明显。图 7.15 所示为补偿和不补偿两种情况下,40 次估算轨迹的终点分布。其中,虚线是结果的 3σ 边界。从中可以看出,它们的大小大致相同,这是因为这些轨迹估算终点是随机噪声影响的结果,并且在本节试验数据中没有补偿。另外,图 7.15 所示的导航误差与第 6 章推导的模型一致,这表明 IMU 噪声是导航主要的误差源。在没有任何补偿的情况下,平均导航误差为 3.23m(图 7.15 中□)。此外,垂直于运动轨迹方向的大部分导航误差可以通过校准 IMU 来消除,这样平均导航误差可以降低到 2.08m(图 7.15 中×)。速度残差误差补偿后,沿轨迹的导航误差得到补偿,平均导航误差减小到0.31m(图7.15中○),精度提高超出了10倍。在系统误差补偿后,由IMU噪声引起的误差成为主要误差,因此,需要进一步提高IMU性能来改善整体导航精度。

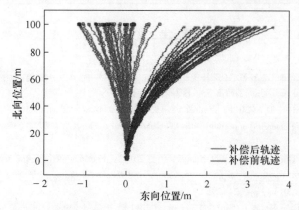

图7.14 系统误差补偿前后轨迹解算结果对比(x轴和y轴比例因子不同,见彩插)

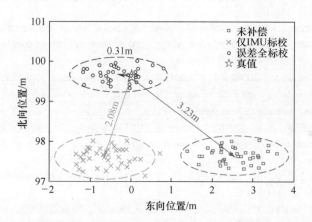

图7.15 系统误差补偿前后解算终点对比(虚线表示3σ边界,见彩插)

7.5 总　　结

本章主要介绍了标准ZUPT辅助行人惯性导航的改进方法,以进一步减小导航误差。这些方法中,不需要额外传感器。更具体地说,将IMU安装在前脚掌而不是脚跟,可以减小随机误差,相当于50% CEP。站立阶段速度残差和陀螺仪g敏感的补偿,可以将系统导航误差减小至原来的1/10。

本章提及的方法消除了ZUPT引起的部分导航误差,这些误差是ZUPT辅助行人惯性导航的主要误差源。当本章描述的补偿方法在导航算法中应用以后,IMU误差则成为导航误差的主要误差源,该误差只能通过提高惯性传感器性能来降低导航误差。因此，本章所分析的结果可以作为进一步开发行人导航系统的基础，包括改进惯性传感器的性能，或者在系统中加入其他辅助方式，如高度计、超声波测距、机会信号和协同定位，这些内容将在第9章和第10章讨论。

参 考 文 献

[1] Wang, Y. and Shkel, A. M. (2019). Adaptive threshold for zero-velocity detector in ZUPT-aided pedestrian inertial navigation. *IEEE Sensors Letters* 3 (11): 1-4.

[2] Bird, J. and Arden, D. (2011). Indoor navigation with foot-mounted strapdown inertial navigation and magnetic sensors [emerging opportunities for localization and tracking]. *IEEE Wireless Communications* 18 (2): 28-35.

[3] Nilsson, J.-O., Gupta, A. K., and Händel, P. (2014). Foot-mounted inertial navigation made easy. *IEEE International Conference on Indoor Positioning and Indoor Navigation (IPIN)*, Busan, South Korea (27-30 October 2014), pp. 24-29.

[4] Laverne, M., George, M., Lord, D. et al. (2011). Experimental validation of foot to foot range measurements in pedestrian tracking. *ION GNSS Conference*, Portland, OR, USA (19-23 September 2011), pp. 1386-1393.

[5] VectorNav (2020). VN-200 GPS-Aided Inertial Navigation System Product Brief. https://www.vectornav.com/docs/default-source/documentation/vn-200-documentation/PB-12-0003.pdf?sfvrsn=749ee6b9_13.

[6] Nilsson, J. O., Skog, I., and Handel, P. (2012). A note on the limitations of ZUPTs and the implications on sensor error modeling. *IEEE International Conference on Indoor Positioning and Indoor Navigation (IPIN)*, Sydney, Australia (13-15 November 2012).

[7] Wang, Y. and Shkel, A. M. (2020). A review on ZUPT-aided pedestrian inertial navigation. *27th Saint Petersburg International Conference on Integrated Navigation Systems*, Saint Petersburg, Russia (25-27 May 2020).

[8] Bar-Shalom, Y., Li, X.-R., and Kirubarajan, T. (2001). *Estimation with Applications to Tracking and Navigation: Theory Algorithms and Software*. Wiley.

[9] Polhemus (2017). PATRIOT two-sensor 6-DOF tracker. https://polhemus.com/_assets/img/PATRIOT_brochure.pdf (accessed 08 March 2021).

[10] Bancroft, J. B. and Lachapelle, G. (2012). Estimating MEMS gyroscope g-sensitivity errors in foot mounted navigation. *IEEE Ubiquitous Positioning, Indoor Navigation, and Location Based Service (UPINLBS)*, Helsinki, Finland (3-4 October 2012).

[11] Zhu, Z. and Wang, S. (2018). A novel step length estimator based on foot-mounted MEMS sensors. *Sensors* 18 (12): 4447.

[12] Laverne, M., George, M., Lord, D. et al. (2011). Experimental validation of foot to foot range measurements in pedestrian tracking. *ION GNSS Conference*, Portland, OR, USA (19-23 September 2011).

[13] Wang, Y., Lin, Y., Askari, S., Jao, C., and Shkel, A. M. (2020). Compensation of systematic errors in ZUPT-Aided pedestrian inertial navigation. *2020 IEEE/ION Position*, Location and Navigation Symposium (PLANS), pp. 1452-1456.

[14] Chatfield, A. B. (1997). *Fundamentals of High Accuracy Inertial Navigation*. American Institute of Aeronautics and Astronautics. eISBN: 978-1-60086-646-3.

第8章

自适应零速校正辅助行人惯性导航

在行人惯性导航中,导航系统可以应用在各种导航场景中。例如,参试者可以采用不同的模式运动:走、跑、跳、爬;参试者也可以在地板上做不同类型运动:上楼、下楼、上坡、下坡;参试者还可以在不同材质的地面上运动:混凝土、沙子和草地。不同的运动步速也会引起人体步态运动的变化。所有上述不同的运动因素都可能影响零速校正(zero-velocity update,ZUPT)行人惯性导航算法中的参数设定,如站立阶段检测的阈值设定、站立阶段足部速度残差及对应的不确定度。为了保证不同场景下的导航精度,这些参数需要进行相应的调整。也就是说,导航算法可以适用于不同的应用场景。本章主要讨论自适应ZUPT辅助行人惯性导航方法。

8.1 地面类型检测

针对导航过程中脚步复杂的运动状态,已经提出了使导航系统适用各个导航场景的算法。例如,地面类型是导航过程中需要确定的一个重要参数。然而,据我们所知,地面类型检测手段通常用于吸尘器,其常用传感器包括压力传感器[1]、超声波传感器[2]和电机功率监控器[3]。本节主要讨论用于行人惯性导航中,基于惯性测量单元(inertial measurement unit,IMU)的地面类型检测方式[4]。该方法中,如前面章节所述,只需要将IMU安装在脚上,这种安装方式可以大大降低系统复杂度。在完成地面类型检测后,需要将分类结果用于多模型ZUPT辅助行人惯性导航算法中,导航精度的提高证明了地面类型检测的重要性。

8.1.1 算法概述

自适应算法主要包括4个步骤,其原理如图8.1所示。首先,IMU测试数据被分为长度为M的不同数据区间,每个分区对应一个完整的步态周期。另外,每个分区的数据长度固定,因此在后续数据处理过程中的数据维度相同。各分区的IMU测试数据被用作后续地面类型识别的输入数据。其次,对输入数据进行主成分分析(principal component analysis，PCA)，进而将数据维度从 $6M$ 降低到 p。p 的数值可以通过识别精度与计算负载的综合考虑确定：利用 PCA 将数据维度降低得更多，后续的学习步骤更简单，但付出的代价是识别精度的降低。再次，通过训练一个两层人工神经网络(artificial neural network，ANN)完成地面识别，这里，隐藏层神经元的数量 L 应该择优选择，这将会影响准确度和计算之间关系的另一个权衡参数。最后，在提出的应用方案中，地面类型识别的结果将用于后续 ZUPT 辅助行人惯性导航的多模型扩展卡尔曼滤波(multiple model extended Kalman filter，MM-EKF)中。

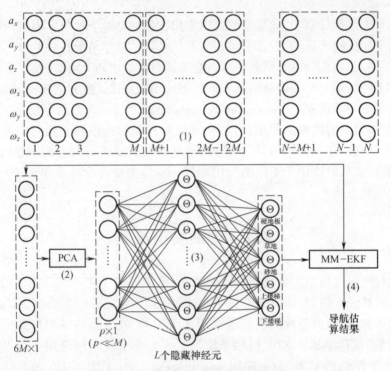

图 8.1 本章讨论算法基本结构框图
(1)~(4)表示算法中的 4 个步骤。

8.1.2 算法应用

本节主要描述导航算法中的部分细节及参数选择中涉及的权衡方式。

8.1.2.1 数据分区

IMU 测试数据首先被划分为不同的步态周期(图 8.2)。脚趾离开地面时 y 轴陀螺仪的输出达到顶峰，这是最容易辨认的步态特征之一。因此，该特征被用作每个分区起点的标志。在本书中，步态速度约为 90 步/min，IMU 的采样频率为400Hz。每个区间长度设定为533。请注意,每个步态的实际长度可能不同,因此每个分区不一定在后续的脚趾离地时结束。图8.2中第二个和第三个数据分区之间有一个空白,说明第二个数据分区在第三个数据分区开始之前就已经结束。但是,如后面提到的,这种现象在行人导航中并不是一个主要问题。

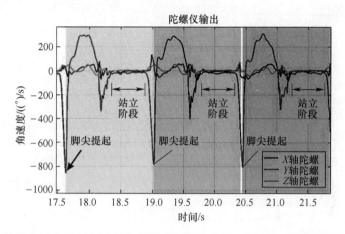

图8.2 IMU数据分区实例(每个区域(图中不同颜色表示)都开始于足部脚趾离地,见彩插)

8.1.2.2 数据主成分分析

每个时间点采集的IMU数据包括6个测量量:3个加速度计测量值和3个陀螺仪测量值。这样,在本例中,每个数据分区的维度就是533×6=3198。如果不对数据进行降维处理,在后续的神经网络训练中,可能计算量会很大。因此,在学习步骤之前,需要先采用PCA方法来降低数据的维度[5]。

PCA是大数据集降维的常用方法之一,可以在最大限度减少信息损失的前提下,提高数据的可解释性[6]。PCA的基本思想是找到新变量或主成分,即原始数据集的独立线性函数,并依次最大化方差。经证实,PCA的求解可以通过一个特征值或特征矢量的求解来完成。具体地说,对于一个长度为N、各数据维度为d的数据,可表示为$d×N$的矩阵形式:

$$X = \begin{bmatrix} x_1 & x_2 & \cdots & x_N \end{bmatrix}$$

式中,x_i ($i=1,2,\cdots,N$)表示第i列数据。

通常采用中心化数据矩阵来代替原始数据矩阵,即

$$X_c = \begin{bmatrix} x_1 - \overline{x} & x_2 - \overline{x} & \cdots & x_N - \overline{x} \end{bmatrix}$$

式中:$\overline{x} = \frac{1}{N}\sum_{i=1}^{N} x_i$ 表示样本平均数。

然后,将奇异值分解(singular value decomposition,SVD)应用到中心化数据

矩阵中：

$$X_c = USV^T \quad (8.1)$$

式中：U 和 V 分别为 $d \times r$ 维和 $N \times r$ 维正交列矩阵，分别称为左奇异值矢量和右奇异值矢量，$r = \min(d, N)$；S 为一个对角线矩阵，其对角线元素是中心数据矩阵 X_c 的奇异值。

接下来，定义 U_p 为矩阵 U 的前 p 列，对应于 X_c 的 p 个最大奇异值。然后，PCA 特征矢量由以下公式给出：

$$y_i = U_p^T(x_i - \overline{x}) \quad (i = 1, 2, \cdots, N) \quad (8.2)$$

注意，y_i 为 $p \times 1$ 维矩阵，因此数据的维度从 d 减小到 p。

在本例中，首先采集了 1673 组分区数据，并用地面类型进行标注：在硬地板上行走、在草地上行走、在沙地上行走、上楼行走、下楼行走。应用 SVD 后的中心化数据矩阵对应的特征值如图 8.3 所示。特征值是连续分布的，并且无法观测到阈值。因此，需要进一步用验证的方式来确定 PCA 的最佳输出维度。

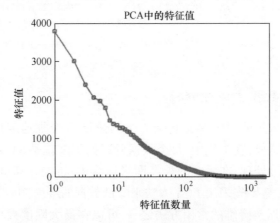

图 8.3 奇异值分解后中心化数据矩阵的特征值分布

8.1.2.3 人工神经网络

应用 PCA 对数据降维后，利用降维后数据训练一个两层 ANN 用于识别地面类型。ANN 训练过程中，采用小批量梯度下降的反向传播算法来确定 ANN 权重[7]。但是，在训练神经网络之前，应该确定隐藏层的神经元数 L。

总而言之，共有两个参数需要选择：PCA 输出维度 p 和隐藏神经元数量 L。两个参数都会影响算法的复杂性和准确性。在确定两个参数的数值后，需要进一步用验证方法来确定这两个参数选定的适用性。大约随机选择 20% 的训练数据作为独立验证集，来评估训练效果。其余 80% 数据用来训练神经网络。那些在验证集中达到最高识别精度的权重被选为 ANN 的最佳权重。需要注意的是,神经网络的输出是每个类别的概率。为了简单起见,本书中选择概率最高的类别作为分类结果。

图 8.4 所示为不同参数选择下,算法在所有可用数据中的错误分类率。x 轴代表 PCA 输出维度,y 轴代表错误分类率。不同曲线代表在隐藏层中不同神经元数量的结果。一般来说,PCA 输出维度越高,隐藏层中神经元数量越大,就越能提高分类性能。如果隐藏层中只使用两个神经元(图中最高实线),则无论 PCA 输出维度如何,错误分类率总是高于 5%。然而,如果隐藏神经元数量增加到 3(图中第二高实线),当 PCA 输出维度超过 50 时,系统错误分类率可以降低到 1%。当隐藏层神经元数量大于 20 时(图中第二低实线),由于神经元数量的增加,错误分类率的优化作用很小,此时参数 L 设定为 20 为最佳。注意,小批量梯度下降本质上是一种随机梯度下降算法。因此,图 8.4 中的小波动是意料之中的。

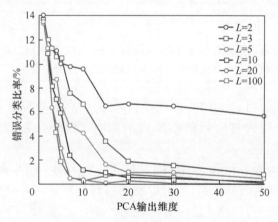

图 8.4　错误分类比率、PCA 输出维度和隐藏层神经元数量之间的关系(见彩插)

另外,PCA 输出维度 p 还会影响分类准确度。图 8.5 所示为 PCA 输出维度设定为 3 和 10 时,地面类型识别结果的混合矩阵。当 $p=3$ 时,分类精度为 93.9%;当 p 增加到 10 时,准确率提高到 99.5%。只有在草地上行走、沙地上行走、上楼与下楼情况下有很少的错误分类。这些分类错误原因可以做如下解释。

(1) 对于地面类型为沙子和草时,地面是软的。即使对于同一类型的地面材质,地面的硬度也会由于沙子或草层厚度的不同而不同。

(2) 与硬地板相比,在沙地和草地上行走时,脚的运动随机性更强。因此,会出现更多的野值,并产生错误的分类结果。

(3) 上楼、下楼的行走步态与平面上行走的步态有所不同。因此,前三类与后两类之间的错误分类可能性极小。

(4) 足部在上下楼梯时,由于足部运动幅度过大,稳定性较差。因此,可能在上下楼行走和沙地上行走之间产生错误分类。特别是在 PCA 输出维度较小的情况下,对原始数据进行 PCA 处理后会丢掉很多有效信息。

			p=3混合矩阵							p=10混合矩阵			
输出分类	1	825 56.7%	14 1.0%	10 0.7%	0 0.0%	0 0.0%	97.2% 2.8%	输出分类	1	843 57.9%	0 0.0%	0 0.0%	0 0.0%	0 0.0%	100% 0.0%
	2	9 0.6%	169 11.6%	6 0.4%	0 0.0%	0 0.0%	91.8% 8.2%		2	0 0.0%	185 12.7%	2 0.1%	0 0.0%	0 0.0%	98.9% 1.1%
	3	9 0.6%	5 0.3%	264 18.1%	4 0.3%	4 0.3%	92.3% 7.7%		3	0 0.0%	3 0.2%	288 19.8%	0 0.0%	0 0.0%	99.0% 1.0%
	4	0 0.0%	0 0.0%	5 0.3%	53 3.6%	8 0.5%	80.3% 19.7%		4	0 0.0%	0 0.0%	0 0.0%	67 4.6%	2 0.1%	97.1% 2.9%
	5	0 0.0%	0 0.0%	5 0.3%	10 0.7%	55 3.8%	78.6% 21.4%		5	0 0.0%	0 0.0%	0 0.0%	0 0.0%	65 4.5%	100% 0.0%
		97.9% 2.1%	89.9% 10.1%	91.0% 9.0%	79.1% 20.9%	82.1% 17.9%	93.9% 6.1%			100% 0.0%	98.4% 1.6%	99.3% 0.7%	100% 0.0%	97.0% 3.0%	99.5% 0.5%
		1	2	3	4	5				1	2	3	4	5	
				目标分类								目标分类			

图 8.5 PCA 输出维度分别为 3 和 10 的情况下地面类型识别结果的混合矩阵
1—硬地板行走;2—草地上行走;3—沙地上行走;4—上楼行走;5—下楼行走

需要注意的是,当 $p=10$ 时,即使数据降维 300 倍,也能获得较高的分类精度。这表明 PCA 方法在降低数据维度的同时,能够保证关键特征提取的有效性。

图 8.6 所示为第一和第二特征的主要分布散点图。图 8.6 表明,即使只采用前两个主成分作为判断依据,也可以在所有行走模式将硬地板行走与其他模式行走区分开。但是,仍然无法区分草地与沙地行走、上楼与下楼行走,因此,需要引入更多的参数成分来对行走地面材质进行分类。

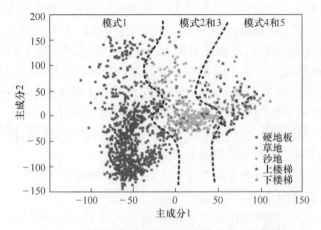

图 8.6 有效数据的前两个主成分分布(见彩插)

8.1.2.4 多模型 EKF

多模型方法是为了解决在有限数值范围内进行参数估算问题提出的[8-9]，而行人惯性导航中的地面类型确定就是这一类数学问题。因此，MM-EKF 可以作为不同地面类型情况下的自适应算法。标准多模型卡尔曼滤波方法涉及一组平行关系的卡尔曼滤波，其中，每个模型的参数设置都不同。卡尔曼滤波不仅提供系统的状态量估计，还可以提供新息(或测量残差)的估计结果。卡尔曼滤波所有测量残差估算结果都输入一个假设检验中，以计算每个模型的概率。最终的估算结果，是对各个滤波结果加权平均后得到的。本书不采用基于假设的各模型概率估算结果与每个卡尔曼滤波的测量残差估算结果，而是采用前面讨论的地面类型检测。本节提出算法的基本原理框图如图 8.7 所示。

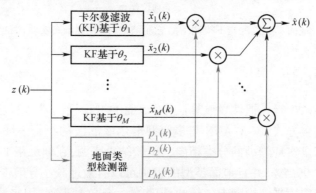

图 8.7 本书中算法基本框图
(浅色部分表示与标准多模型卡尔曼滤波的区别)

在这个例子中，每个模型之间的差异包括 ZUPT 检测阈值、站立阶段速度残差、相应的速度不确定性等。上述参数可以通过单独的校准环节得到，具体细节在第 5 章、第 6 章中已述，这里不再赘述。

8.1.3 导航结果

采用一个实测试验来验证地面类型检测对提高导航精度的影响。为了测试地面类型的识别效果，我们选取了包括沙地、硬地板和楼梯的运动轨迹。参试者首先在沙地上行走约 2min，然后在硬地板上再行走 2min，最后上楼行走约 1.5min。行走轨迹总长度约为 320m。图 8.8 所示为有/无地面类型检测情况下的行人导航结果曲线。其中，虚线表示地面真实轨迹，实线表示没有地面类型检测算法下的轨迹估算结果。有地面类型检测的轨迹估计由 3 段组成，对应算法识别的 3 种不同地面类型。最终轨迹估计误差越小，越能说明地面类型检测对提高行人惯性导航精度的作用。

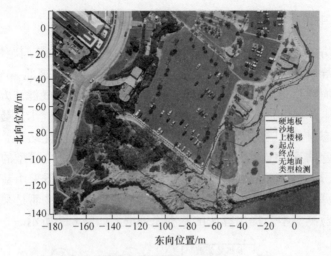

图8.8 地面类型检测与不检测下的导航结果(虚线表示真实轨迹,见彩插)

8.1.4 小结

本节主要讨论行人惯性导航算法中,地面类型识别的具体算法实现。作为一种自适应组合方式,PCA、ANN 与多模型卡尔曼滤波的组合表明,该算法能够以合理的计算量实现较高的分类精度。试验结果表明,在训练集上,地面类型识别准确率高达 99.5%,并且地面类型的识别可以有效地减小导航误差。

地面类型识别是多模型卡尔曼滤波的第一个必要步骤,用来确定滤波中要使用的参数。然而,即使在相同的地面类型上行走,许多参数也仍然会随着步态频率的不同而变化。因此,有必要研究自适应站立阶段检测方法,这就是 8.2 节的主要内容。

8.2 自适应站立阶段检测器

对于一个典型 ZUPT 检测器,站立阶段是通过测量结果统计量与阈值的比较来确定的。然而,即使在相同材质的地面上行走,不同步态的动态特征也不同,因此需要不同的阈值设定值。最简单的阈值设定方式是随时进行阈值调整以达到最佳检测性能[10]。但是,行走过程中的地面真实情况未知,因此,上述阈值设定方式在实际导航应用中无法实现。可以找其他替代方案,包括根据预先设定的步行速度得到的步态周期(或当前步行速度)来调整参数[11]、采用平滑伪 Wigner-Ville 分布(smoothed pseudo Wigner-Ville distribution,SPWVD)处理陀螺仪读数以提取步态频率[12]。传感器数据融合是另一种自适应步态检测方法。例如,有文献称,将压力传感器安装在鞋底来检测鞋底与地面之间的压力也是一种有效方式[13],多个 IMU 同时检测足部、小腿和大腿的运动也可以提高检测精度[14]。还有学者对基于机器学习的站立阶段检测进行了研究[15]。

本节提出了一种基于贝叶斯方法的自适应阈值设定方法,以使检测器能够在各种步行或跑步速度下完成站立阶段检测工作[16]。与机器学习方法相比,这种方法不需要额外的传感器,系统的计算量负担较低。

8.2.1 零速检测器

从数学角度看,零速检测器可以表示为二元假设检验,检测器就是在两种假设前提下完成的:IMU 运动(H_0)或 IMU 静止(H_1)。采用奈曼-皮尔逊(Neyman-Pearson)定理,将似然比与设定阈值 γ 比较:如果满足以下条件,则选择 H_1:

$$L(z_n) = \frac{p(z_n|H_1)}{p(z_n|H_0)} > \gamma \tag{8.3}$$

式中:$z_n = \{y_k\}_{k=n}^{n+N-1}$ 为时间从 n 到 $n+N-1$ 的 N 组 IMU 读数;$L(\cdot)$ 为测量值的概率似然比。

站立假设最优检测器(stance hypothesis optimal detector, SHOE)是最常用的零速检测器之一[18]。该检测器应用的前提是站立阶段足部几乎静止,因此,加速度计测量比力的幅值与重力加速度相等、角速率接近于零。但是,由于人类步态的动态复杂性,许多与概率密度函数(probability density functions, PDF)相关的参数是未知的[19]。一个常用的解决方式是用极大似然(ML)估计结果来代替未知参数,这种方法称为广义似然比检验(GLRT)[20]。利用该方法,测试数据的统计量可以表示为

$$L'_{\text{ML}}(z_n) = -\frac{2}{N}\lg(L_{\text{ML}}(z_n)) = \frac{1}{N}\sum_{k=n}^{n+N-1}\frac{1}{\sigma_a^2}\left\|y_k^a - g\frac{\overline{y^a}}{\|\overline{y^a}\|}\right\|^2 + \frac{1}{\sigma_\omega^2}\|y_k^\omega\|^2 \tag{8.4}$$

式中:y_k^a 和 y_k^ω 分别为在 k 时刻加速度计和陀螺仪的输出;$\overline{y^a}$ 为 N 个连续加速度计测量值的均值;σ_a 和 σ_ω 为与加速度计和陀螺仪的白噪声统计特性;g 为重力加速度。

我们可以将 GLRT 描述为:当满足以下条件时,确认 H_1 成立:

$$L'_{\text{ML}}(z_n) < \gamma' \tag{8.5}$$

式中:γ' 为要确定的阈值。

8.2.2 自适应阈值设定

对于不同的步态,z_n 分布也不同,因此需要设定不同的阈值。本节通过一个时间相关的代价函数来自适应确定阈值。自适应阈值的目的是根据不同的行

走或跑步模式来调整 ZUPT 检测器,以尽量减少 ZUPT 检测失误带来的额外导航误差。自适应阈值的目标有 3 个,具体如下。

(1) 限制虚警概率。如果检测器检测到 IMU 是静止的,而脚实际在移动,就会出现虚警现象。虚警将导致 KF 误把速度设置在零附近,大幅降低导航效果。

(2) 最大限度减少漏检概率。站立阶段主要是利用零速信息来抑制导航误差增长。漏检则会减少误差补偿的机会,进而增加导航整体误差。

(3) 自动调整阈值参数以适应不同的动态步态,并且保持 ZUPT 效果最佳。

图 8.9 示出在不同动态步态条件下,典型测试参量的统计结果 $L'_{\mathrm{ML}}(z_n)$。图 8.9 中包含 6 种步态,分别对应的行走步数为 80 步/min、90 步/min、100 步/min、110 步/min、120 步/min,以及跑步步速为 160 步/min。统计结果越大,表示 IMU 在运动;统计结果越小,表明 IMU 越接近静止站立。图 8.9 还说明,脚步处于静止状态时,测量统计值在 50 左右,该值主要与 IMU 噪声有关。红色虚线表示不同步态状态下站立阶段测试统计量的平均值,范围从最低的 4×10^4 到 6×10^5。需要注意的是,这些值比脚在地面静止时的测量统计值高得多,可见脚实际在站立阶段不是完全静止的。因此,过度使用 ZUPT 反而会导致整体导航精度下降[21]。由于测试统计量的最低值在不同步行与跑步速度状态下不同,因此有必要设定一个自适应阈值使 ZUPT 检测更稳健,特别是在不同步行速度情况下。

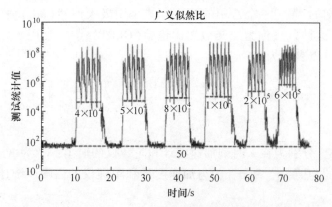

图 8.9 实线表示不同步速下行走和跑步时的测试统计值(红色虚线表示不同步态下站立阶段测量统计结果,绿色虚线表示静止时的测量统计结果,见彩插)

贝叶斯似然比指出,阈值可以表示为

$$\gamma = \frac{p(H_0)}{p(H_1)} \frac{c_{10} - c_{00}}{c_{01} - c_{11}} \tag{8.6}$$

式中:$p(H_0)/p(H_1)$ 为假设的先验概率;c_{00}、c_{01}、c_{10} 和 c_{11} 分别为正确检测摆动

阶段、正确检测站立阶段、虚警和漏检的代价函数。由于没有其他的运动信息，我们假定先验概率是统一的，且正确检测的代价为零。因此，阈值等于虚警和漏检代价函数的比值。

当出现漏检错误时，此时足部站立阶段没有被检测到，因此，零速信息没有融合入系统抑制导航误差。与之相关的代价函数与时间有关，这是因为在没有任何导航误差抑制方法引入的情况下，导航误差会以时间多项式的形式累积[22]。所以，需要为漏检假设一个多项式代价函数，这比一些研究采用的指数型代价函数更恰当。另外，虚警是指当脚还在运动时，零速信息被融合到系统中。虚警的代价参数与足部实际速度有关，与漏检的代价参量相比，虚警相对随机并且与时间无关[16]。因此，假设虚警的代价参数为常值。总而言之，虚警的代价参数与漏报的代价之比可以用多项式表示为

$$\gamma = \frac{c_{10}}{c_{01}} = \alpha_1 \cdot \Delta t^{-\theta_1} \tag{8.7}$$

式中：Δt 为前一次 ZUPT 检测时刻与当前时刻的时间间隔；α_1 和 θ_1 为待设计的参数。

阈值 γ' 定义为

$$\gamma' = -\frac{2}{N}\lg\gamma = -\frac{2}{N}[\lg\alpha_1 - \theta_1 \cdot \lg(\Delta t)] \triangleq \theta \cdot \lg(\Delta t) + \alpha \tag{8.8}$$

当站立阶段末尾时刻被检测到时，γ' 数值迅速变小，这是因为时间间隔 Δt 数值很小。式(8.8)描述现象的物理解释是，因为不期望两个站立阶段彼此接近，所以要降低检测为另一个站立阶段的概率。

从式(8.8)可以看出，代价参量为多项式形式的优点。注意，如果将式(8.8)变为指数形式，将会变为 $\theta \cdot \Delta t + \alpha$ 的形式。对于正常的步态模式，Δt 的数值范围通常在 1s 左右。$\lg(\Delta t)$ 的斜率与代价参数多项式有关，Δt 斜率与代价参数的指数形式相关，当 Δt 约为 1s 时，$\lg(\Delta t)$ 斜率与 Δt 斜率相似。但是，当 Δt 小于 1s 时，斜率会大得多。因此，两个站立阶段中间，站立阶段检测器的相似性能会有助于更好地降低虚警概率。

阈值 γ' 随 Δt 的增加以一个与 θ 相关的速率增大。α 会使阈值产生一个整体偏差量。理想情况下，θ 的定义应该在一个步态周期中的站立阶段内，使 γ' 增加与测量统计量持平。这就需要对站立阶段的测量统计量估计，该数值只与步态频率有关。本书提出利用冲击阶段的优势，即在脚跟撞击地面时的冲击力水平作为指标来估算实时步态频率。

随着步幅的增加，最小测试统计量也在增加，脚跟着地时冲击力大小也在增加。脚跟着地冲击力大小与最小测试统计量之间的关系如图 8.10 所示。圆点对应不同步态周期的数据，实线表示拟合曲线，虚线是 1σ 结果。可以采用指数形式对上式近似处理，式(8.8)中的参量 θ 可以定义为

$$\theta = \varepsilon \cdot \exp(0.0307 \times \text{Shock} + 8.6348) \qquad (8.9)$$

式中:Shock 表示脚跟着地的冲击力(m/s);ε 为可以随时调整的参数,以达到适用站立阶段长度,本书中设定为 3.5;参数 α 可以调整整体阈值水平,以降低漏检概率,提高算法稳健性。

利用脚跟着地时的冲击力来提取步态频率的优点如下:
(1) 不需要步态频率的先验知识;
(2) 能够连续跟踪步态频率,无滞后性;
(3) 比 FFT 或机器学习计算量小。

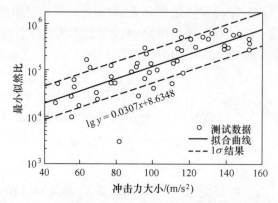

图 8.10 在同一步态周期中,冲击力大小与最小测试统计量之间的关系
(圆点表示不同步态周期的测试数据,实线是拟合曲线,虚线是 1σ 结果)

注意,式(8.8)中自适应阈值与 δt 有关,说明当站立阶段被检测到以后,阈值会迅速减小。在这种情况下,利用检测器只能检测到一个站立阶段(如图 8.11 中的离散点)。因为不是站立阶段内所有的数据点都被利用,因此会降

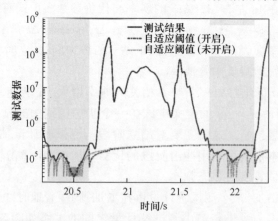

图 8.11 红色和蓝色虚线分别表示开启与未开启自适应阈值(圆点表示未开启阈值自适应检测到的站立阶段,黄色方框表示开启阈值自适应检测到的站立阶段,见彩插)

低导航精度。为了保证实施足够的 ZUPT 校正以减小导航误差,我们提出不同于式(8.8)的"回落"模式,而是保持阈值 γ' 不变,直到该数值再一次比测试统计量小。保持阈值不变的效果如图 8.11 所示。阈值数值在站立阶段保持不变(图中黄色方框表示),使整个站立阶段能够被完全检测,而不是仅检测到一些离散的站立时间点。

8.2.3 试验验证

为了验证自适应阈值的效果,采用实测试验验证。试验轨迹为一条 75m 的直线。IMU 被刚性地安装在脚尖,采样频率为 200Hz。导航过程中,参试者先静立 12s,然后再以 84 步/min 的速度行走约 15s;随后以 160 步/min 的速度跑步约 15s,再步行 20s;最后参试者站立约 5s。图 8.12 所示为位置增长、加速度计读数、GLRT 和导航结果。图 8.12(a)说明位置估计随时间变化的结果,可以清楚地看到步行和跑步之间的速度差异。图 8.12(b)所示为 IMU 比力,从图中可以看到跑步时的脚跟冲击力高很多,约为 $150m/s^2$,远超步行时 $50m/s^2$ 的冲击力。图 8.12(c)所示为测试结果统计量(蓝色实线)和自适应阈值(红色虚线)结果,可以看到该阈值分别为 $2×10^5$(绿色虚线)和 $2×10^6$(黑色虚线)时,能够成功地捕捉到步行和跑步时的动态变化。图 8.12(d)所示为不同阈值设定下轨迹估计的比较结果。当阈值固定不变时,如阈值设定为 $2×10^5$,则无法检测到跑步过程中的站立阶段,该设定值对步行是合适的,但不适用于跑步过程。因此,在参试者开始跑步不久后,轨迹估计结果就会偏离。另外,如果将阈值设定为 $2×10^6$ 来检测跑步过程的站立阶段,则会导致在行走过程中施加的 ZUPT 过多,轨迹估计结果就会比实际轨迹短 12m,相当于总轨迹长度的 16%。可见,对站立阶段采用自适应阈值检测方式,可以使导航误差减小到 3m。而在站立阶段保持阈值不变,可以使导航误差从 3m 减小到 1m。

图 8.13 表示用导航均方根误差(root mean square error, RMSE)来分析同一运动轨迹设定不同阈值时的导航结果。阈值设为固定值 $1.65×10^6$ 时,RMSE 值最小,为 0.98m。该值介于步行和跑步的自适应阈值之间,因此,可以认为这样选定是一种"权衡"选择:跑步时的部分站立阶段会被检测到,而步行时不会因为站立阶段检测的过多而"过分"的使用 ZUPT。自适应阈值的 RMSE 可以达到 0.61m,该数值低于阈值固定情况下的 RMSE 最低值,可见自适应 ZUPT 的优势。需要注意的是,最佳固定阈值与许多参数有关,如行走速度、地面类型和行走模式等。因此,固定阈值无法做到在大多数导航场景中通用,只能根据经验来确定。我们期望大部分情况下,自适应阈值比固定阈值表现的性能更好,特别是在导航过程中行走和跑步等模式不断变化的情况下,即图 8.12 的情况。

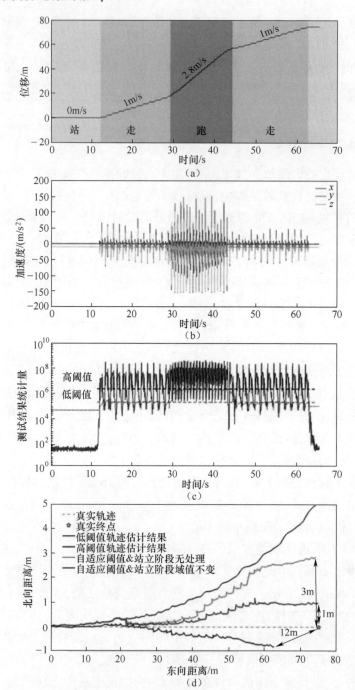

图8.12 试验得到的位置增长、IMU比力、测试结果统计量和自适应阈值,以及轨迹估计值比较(注意图(d)中 x 轴和 y 轴的比力是不同的,见彩插)

(a)位置增长;(b)IMU比力;(c)测试结果统计量和自适应阈值;(d)轨迹估计值比较。

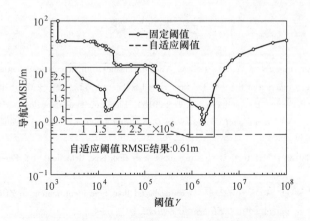

图 8.13 实线表示导航 RMSE 与固定阈值的关系
（虚线表示自适应阈值下的导航 RMSE，见彩插）

8.2.4 小结

总而言之，本节提出了一种基于贝叶斯的站立阶段阈值自适应设定方法，从而使 ZUPT 辅助行人惯性导航算法对不同步态频率具有适应性。本书中提到的方法可适用于比较宽范围的移动速度，即从低至 80 步/min 的行走到 160 步/min 的跑步。请注意，本节的试验结果是在硬地板上测试的结果，其他类型地面材质下的试验结果可以采用类似的方法得到。

8.3 总　　结

行人惯性导航在不同场景情况下工作时，需要选择不同的参数。因此，需要将自适应算法与 ZUPT 辅助系统结合起来，以实现整个系统的准确性和稳健性。本章主要介绍了使 ZUPT 辅助的行人惯性导航适用于不同地面类型和不同步态频率的方法。在这两项工作中，部分运动轨迹的导航误差可以至少减至 1/10。请注意，对于地面类型的检测，虽然在神经网络的训练阶段需要大量的计算过程来确定神经网络的参数，但是演示阶段计算成本较低。至于自适应阈值方法，阈值大小与脚跟着地冲击力大小直接相关，因此不需要过多的额外计算力。可见，这两种方法都可以在实际中使用。

为了进一步提高 ZUPT 辅助行人惯性导航系统的适应性，仍有许多开放性的问题需要回答。例如，如何在多模型方法中选择适当的模型，以涵盖尽可能多的情况，并且算法不能过于复杂。另外，还需要对如何同时涵盖不同的地面类型和不同的步态模式进行重点研究。

参 考 文 献

[1] Delmas, G. and Driessen, J. A. T. (1998). Vacuum cleaner with floor type detection means and motor power control as a function of the detected floor type. US Patent 5,722,109, 3 March 1980.

[2] Tarapata, G., Paczesny, D., and Tarasiuk, Ł. (2016). Electronic system for floor surface type detection in robotics applications. *International Conference on Optical and Electronic Sensors*, Gdansk, Poland (19-22 June 2016).

[3] Santini, F. (2018). Mobile floor-cleaning robot with floor-type detection. US Patent 9,993,129, 12 June 2018.

[4] Wang, Y. and Shkel, A. M. (2021). Learning-based floor type identification in ZUPT-aided pedestrian inertial navigation. submitted to *IEEE Sensors Letters* 5 (3): 1-4.

[5] Cherkassky, V. and Mulier, F. M. (2007). *Learning from Data: Concepts, Theory, and Methods*. Hoboken, NJ: Wiley.

[6] Jolliffe, I. T. and Cadima, J. (2016). Principal component analysis: a review and recent developments. *Philosophical Transactions of the Royal Society A: Mathematical, Physical and Engineering Sciences* 374 (2065): 20150202.

[7] Abu-Mostafa, Y. S., Magdon-Ismail, M., and Lin, H.-T. (2012). *Learning from Data*. New York: AMLBook.

[8] Chang, C.-B. and Athans, M. (1978). State estimation for discrete systems with switching parameters. *IEEE Transactions on Aerospace and Electronic Systems* 3: 418-425.

[9] Hanlon, P. D. and Maybeck, P. S. (2000). Multiple-model adaptive estimation using a residual correlation Kalman filter bank. *IEEE Transactions on Aerospace and Electronic Systems* 36 (2): 393-406.

[10] Meng, X., Zhang, Z.-Q., Wu, J.-K. et al. (2013). Self-contained pedestrian tracking during normal walking using an inertial/magnetic sensor module. *IEEE Transactions on Biomedical Engineering* 61 (3): 892-899.

[11] Wahlstrom, J., Skog, I., Gustafsson, F. et al. (2019). Zero-velocity detection—a Bayesian approach to adaptive thresholding. *IEEE Sensors Letters* 3 (6): 1-4.

[12] Tian, X., Chen, J., Han, Y. et al. (2016). A novel zero velocity interval detection algorithm for self-contained pedestrian navigation system with inertial sensors. *Sensors* 16 (10): 1578.

[13] Ma, M., Song, Q., Li, Y., and Zhou, Z. (2017). A zero velocity intervals detection algorithm based on sensor fusion for indoor pedestrian navigation. *IEEE Information Technology, Networking, Electronic and Automation Control Conference (ITNEC)*, Chengdu, China (15-17 December 2017), pp. 418-423.

[14] Grimmer, M., Schmidt, K., Duarte, J. E. et al. (2019). Stance and swing detection based on the angular velocity of lower limb segments during walking. *Frontiers in Neurorobotics* 13: 57.

[15] Kone, Y., Zhu, N., Renaudin, V., and Ortiz, M. (2020). Machine learning-based zero-velocity detection for inertial pedestrian navigation. *IEEE Sensors Journal*. https://doi.org/10.1109/JSEN.2020.2999863.

[16] Wang, Y. and Shkel, A. M. (2019). Adaptive threshold for zero-velocity detector in ZUPT-aided pedestrian inertial navigation. *IEEE Sensors Letters* 3 (11): 1-4.

[17] Van Trees, H. L. (2004). *Detection, Estimation, and Modulation Theory, Part I: Detection, Estimation, and Linear Modulation Theory*, 2e. Wiley.

[18] Skog, I., Nilsson, J. O., and Händel, P. (2010). Evaluation of zero-velocity detectors for foot-mounted inertial navigation systems. *IEEE International Conference on In Indoor Positioning and Indoor Navigation* (*IPIN*), Zurich, Switzerland (15-17 September 2010).

[19] Wang, Y., Chernyshoff, A., and Shkel, A. M. (2018). Error analysis of ZUPT-aided pedestrian inertial navigation. *IEEE International Conference on Indoor Positioning and Indoor Navigation* (*IPIN*), Nantes, France (24-27 September 2018).

[20] Zeitouni, O., Ziv, J., and Merhav, N. (1992). When is the generalized likelihood ratio test optimal? *IEEE Transactions on Information Theory* 38 (5): 1597-1602.

[21] Nilsson, J. O., Skog, I., and Händel, P. (2012). A note on the limitations of ZUPTs and the implications on sensor error modeling. *IEEE International Conference on Indoor Positioning and Indoor Navigation* (*IPIN*), Sydney, Australia (13-15 November 2012).

[22] Wang, Y., Vatanparvar, D., Chernyshoff, A., and Shkel, A. M. (2018). Analytical closed-form estimation of position error on ZUPT-augmented pedestrian inertial navigation. *IEEE Sensors Letters* 2 (4): 1-4.

第9章

传感器融合方法

前几章重点讨论了基于惯性测量单元(inertial measurement unit，IMU)的行人导航。然而，IMU只能用来测量系统的比力与角速率，其他导航状态信息无法直接测量，如方位角、速度和位置。因此，可以引入其他独立传感器测量方式到行人惯性导航系统中，通过改善导航状态量的可观测性来提高导航精度。例如，磁力计可以用来测量被测系统与地球磁场之间的相对方向，气压计可以通过大气压力测量高度信息，测距技术可以用来测量发射器和接收器之间的相对距离或位置。此外，也可以在一套行人惯性导航系统中安装多个IMU来提高导航精度。该方法属于多传感器信息融合范畴，即通过多个传感器数据融合获得最终结果。这样，系统输出结果比单独使用某一个传感器的测量结果更加准确[1]。扩展卡尔曼滤波是多源传感器数据融合的最常用方法之一。本章简要介绍部分可能用于行人惯性导航的独立自主传感器数据融合方法。

9.1 磁力测量法

磁力计是常用的测量手段之一，可以通过测量周围磁场强度得到被测系统的位置和/或方位。指南针是测量地球磁场的装置，主要机理是地球表面大部分地区地磁场指向北向。指南针发明于2000多年前，并在11世纪的中国用于导航[2]。现如今，不仅方位，地球磁场强度也可以被测量，并应用于低地球轨道(高度小于1000km)航天器的导航过程。该方式主要是通过测量地球磁场的大小来估算航天器的位置，定位误差小于10km[3-4]。对于近地球表面(高度低于30km)，利用其他来源(如重力测量)获得俯仰角和横滚角的情况下，方位角可以通过测量地球磁场强度矢量来估算。通过比较测量磁场与世界数字磁场异常地图，也可以估算位置信息，导航误差与GPS水平相同[5]。对于电磁环境复杂的室内导航情况，经证实，可以通过建立人造磁场来完成导航工作[6]。磁力计可以直接测量位置和/或方位信息，避免角速率和加速度积分过程，从而消除惯性导航中导航误差的主要来源。但是，被测区域"无磁干扰"是磁力计的测量条件，这就限制了磁力计的适用性[5]。文献[7]中提出了一种非线性优化方法来解决由周围铁质物质与电流造成的磁干扰问题。综上可见，通过在惯性导航中加入测磁技术，方位角精度的均方根值可以提高一个量级。

磁力测量是零速校正(zero-velocity update，ZUPT)辅助行人惯性导航中最常用的辅助技术之一。这主要是因为它可以提供一个随时间推移测量精度是常值的高精度方位角信息。而方位角估计误差是纯 ZUPT 辅助的行人惯性导航中主要导航误差源之一。

9.2 测 高 法

测高法是另一种被广泛应用于导航的辅助技术[8]。在这种辅助技术中，需要一个高度测量仪来测量大气气压，再根据气压变化量来估算高度变化量。在海平面以上的低海拔地区，大气压力随着高度的增加而呈近似线性下降，下降率约为 12Pa/m。压力测量的分辨率为 1Pa，或者说，目前商用微型压力计的海拔测量精度能够优于 0.1m[9]。将气压计性能与导航误差相关联可以推导出数学表达式，表达式显示将测高法与 ZUPT 辅助行人惯性导航结合起来，高度测量精度能够达到 1cm，这比气压计测量本身的精度高 10 倍[10]。测高法实施起来很简单，但易受到环境压力和温度变化的干扰[11]。

另一种测量高度的方法是使用一个朝下的测距传感器[12]。假设有一个平坦的地板表面和已知的初始高度，足部高度可以利用测距传感器测量脚和地板之间的距离来估算。经证实，该方法可以在参试者上楼和下楼时发挥作用。这是因为当脚从一个楼梯台阶到另一个台阶时，测距传感器的读数会发生不连续的变化。相比压力计测高仪，该方法的主要优点是对大气压力和温度变化引起的漂移更稳定。但是，当行人在斜坡上行走时不适用该方法。文献[13]中还指出，采用方向朝下的测距传感器获得的测量结果可以用来提高站立姿态检测的准确性，从而提高 ZUPT 辅助行人惯性导航的整体导航精度。

与磁力计测量方法一样，测高法测量的高度信息精度与导航总时间无关。该方法也是与 ZUPT 辅助行人惯性导航融合的常用技术，以实现导航过程中高精度高度估算目的。

9.3 计算机视觉

实现绝对位置估计的另一种方法是计算机视觉技术。该项技术中，通过捕获的周围环境图像与预先获取的数据库相匹配以进行定位[14]。基于计算机视觉的定位主要包括 4 个步骤：①图像信息获取；②当前视图中地标检测，如角落、边缘或物体；③检测地标与数据库地图匹配；④被测系统位置更新[15]。这种方法有可能需要特征识别技术与大型环境数据库。为了在完全未知的环境中进行导航,开发了同步定位与地图构建技术(simultaneous localization and mapping,SLAM)。正如名字示意,该方法中,系统同时进行环境映射、地图建立、执行定位。SLAM 已被广泛应用于自动驾驶汽车、无人驾驶航空器(unmanned aerial vehicle,UAV)、自主潜水器。SLAM 的最大优点是它不需要预先获得环境数据库。然而,仍有许多难点待研究解决。例如,SLAM 的计算量大且密集,特别是在大面积导航的情况下;它主要是处理静态数据;该方法易受里程计漂移的影响[16]。

不同激光雷达(light detection and ranging,LIDAR)技术的记录测量周围环境数据的原理是相同的。在大多数 LIDAR 系统中,利用一个或多个激光源发射激光到一个旋转的镜子中,以扫描周围环境。激光通过反向散射而非纯反射后被传感器接收。通过将激光发射与接收之间的时间差乘以光速来计算光的移动距离。LIDAR 系统中使用的激光频率通常在红外线和紫外线范围之间。例如,通常使用波长为 1064 nm、532 nm 和 355nm 的激光。采样频率可以达到 1MHz。通过这种方式,可以产生一个包含深度信息的 360°视场,这在计算机视觉辅助系统中是无法直接获得的。LIDAR 的测绘精度一般可以达到 0.1m。通过获取密度更高的数据点,精度可以提高到 2cm 左右,但随之付出的代价是更大的计算量[17]。然而,当空气能见度低时,如烟雾和大雨中,该方法的效果不佳。目前,立体视觉作为一种新的视觉方法正在被研究,该方法结合了单目视觉的优点,再通过深度信息来增强系统能力。该技术与红外视觉技术的结合也正在被探索中。

LIDAR 主要是通过对周围环境的观测来提高导航精度。因此,该方法被部分学者认为是非独立的辅助工具,因为它们的测量过程可能被干扰或阻挡。即便如此,全自主计算机视觉辅助系统已经被开发出来,通过导航系统内部特征代替外部环境特征。文献[18]中的示例指出,相机与要被利用的特征模块同时安装在试验者双足上,通过这种方式,只要特征在相机的视场范围内,就可以测量两只脚之间的相对位置(图 9.1)。与其他计算机视觉辅助技术相比,计算负荷低是该方法的主要优点之一,主要原因如下:

(1)要捕获的特征形状已知,使特征识别过程变得容易;

(2)在获得相对位置信息后,算法中只需要一个标准卡尔曼滤波,而不是 SLAM 中必须使用的粒子滤波器。

该方法的缺点是:①只能测量一个相对位置;②无法完全约束位置测量误差的增长;③需要在双脚上安装两个 IMU,无疑增加了系统的复杂性。

目前,由于相机的尺寸限制与对计算能力的高要求,将计算机视觉与 ZUPT 辅助行人惯性系统进行数据融合的方式并不常见。然而,计算机视觉系统能够检测周围环境的独特能力使其成为潜在的技术"候选者"。

第9章 传感器融合方法

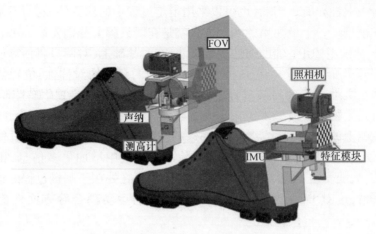

图 9.1 "鞋上实验室(lab-on-shoe)"平台。基于视觉的双脚间相对位置测量示意图(资料来源:Jao 等[18])

9.4 多惯性测量单元方法

多 IMU 在一个系统中同时工作可以提高系统的整体性能。将多个 IMU 安装在人体不同部位的目的可以分为两类:①利用身体特定部分的某些特征;②利用生物力学模型,如身体不同部位之间的运动关系。

文献[19]描述了如何利用身体特定部分特征(上述第一个目的)的示例。在这个方法中,两个 IMU 分别安装在足部和头上。安装在脚上的 IMU 是为了利用行走过程中的站立阶段,实现 ZUPT 辅助行人惯性导航。但是,在人的行走过程中,足部动态的机动性是身体所有部位中最高的,进而可能导致由冲击和振动引起的 IMU 额外误差。因此,采用另一个安装在头部的 IMU 来提取相比足部更为平滑的运动特征。这种方式中,头部安装 IMU 读数可以用来校准足部 IMU 数据。事实证明,相比使用单一 IMU,使用两个 IMU 可以获得更高的人体运动识别精度。

另一种方法是采用人类步态的生物力学模型。该方法通常需要将多个 IMU 安装在人体的不同部位,然后通过生物力学模型中的已知关系将人体不同部位的运动数据联系起来。例如,可采用摆动阶段的双摆模型和站立阶段的倒立摆模型。Ahmadi[20]等提出了一个完整的运动学模型,通过采用七个 IMU(分别安装在两只脚、两根胫骨、两条大腿和盆骨上),对整个下半身的运动进行记录和建模。该研究中,首先利用陀螺仪估算下半身 6 个位置的姿态角;其次足绑式 IMU 用来检测脚步运动的站立阶段;最后在站立阶段将脚部设置为根节点后,对所有 IMU 安装点的位置进行估计。然而,该项技术主要用于人类步态重建,而不是行人惯性导航。当然,也可以采用行走过程中的部分特征,而不是完整的生物力学模型。一个最简单的实现方法就是在两只脚上分别安装 IMU。每只脚上的 IMU 都采用 ZUPT 辅助惯性导航算法,在此基础上,对两只脚估算位置施加最大允许分离度约束[21]。在这种方式中,由于两只脚的对称性,位置估计误差将被抵消。文献[22]的导航过程中,将两个 IMU 分别安装在大腿上部和脚部,再利用行走生物力学模型来进一步提高导航精度。其中,利用生物力学模型,将安装在大腿上的 IMU 测量姿态与腿部运动联系起来。事实证明,通过使用该方法,位置误差估计精度可以提高 50%。除了在系统中增加更多信息,相比足部安装 IMU,大腿安装 IMU 与胫骨安装 IMU 的优势之处在于测量过程的运动幅度更小更平滑,这对 IMU 的测量范围、带宽和轴间运动耦合等方面性能的要求更低。

9.5 测距技术

测距是指测量被测对象与观察者之间相对距离的过程。测距方式有很多,包括雷达、激光、声呐和 LIDAR。例如,雷达测距是现代飞行器与船用导航的主要导航方式之一,而声呐测距几乎是除惯性导航之外,潜艇导航唯一的导航方法。由于测距技术主要是通过发射器和接收器来测量被测系统与周围环境中固定信标之间相对位置,因此该项技术不是全独立自主的定位方式。但是,如果测距技术用于惯性导航中测量系统内的相对位置,则它可以被认为是独立自主的。本节只关注独立自主型测距技术。

9.5.1 测距技术介绍

目前通用的测距技术有 3 类:到达时间(time-of-arrival,ToA)、接收信号强度(received signal strength,RSS)和到达角度(angle-of-arrival,AoA)[23-24]。

9.5.1.1 到达时间

ToA 测距技术中,系统测量发射信号与接收信号之间的时间差。这样,可以利用信号到达时的时间差与传播速度相乘,得到发射器与接收器之间的距离:$\Delta t_1 = t_1^B - t_0^A$。其中,$t_0^A$ 为时钟 A 指示的发射时间;t_1^B 为时钟 B 指示的接收时间。为了精确测量传递时间,不仅需要非常精确的时钟,还需要它们在时间上完全同步。这在某些测试情况下是无法实现的。因此,利用双向测距方法来解决该问题。在双向测距方法中,不采用一对发射器与接收器,而是采用两个收发器(一个收发器包括一个发射器和一个接收器)。在这种配置中,收发器 A 依据时钟 A 获得信号发射时刻 t_0^A,同时收发器 B 依据时钟 B 获得信号接收时刻 t_1^B。然后,在时钟 B 的 t_2^B 时刻,收发器 B 发出另一个信号,并且该信号在 t_3^A 时刻(依

据时钟 A)被收发器 A 接收到。由此得到信号单程的 ToA 为

$$\Delta t_2 = \frac{(t_3^A - t_0^A) - (t_2^B - t_1^B)}{2} \quad (9.1)$$

在双向测距的系统配置中,不需要时钟同步过程,但随之付出的代价是系统复杂度提高。单向测距与双向测距的比较示意图如图 9.2 所示。

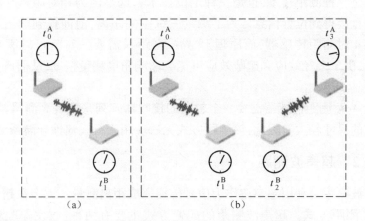

图 9.2　(a)单向测距与(b)双向测距比较示意图

9.5.1.2　接收信号强度

RSS 测距技术同样是测量发射器与接收器之间的相对距离。但是,该技术不是利用发射和接收信号之间的时间差估算相对距离,而是采用接收信号与发射信号之间的强度比。在无障碍的传播条件下,无能量耗散,信号强度会以传输距离平方值的速度衰减。假设发射器与接收器都是无方向性天线,则弗里斯方程(Friis equation)以单位为 dB 的形式描述了自由空间路径损耗[24],即

$$\alpha_{\text{loss}} = 20\lg\left(\frac{4\pi d}{\lambda}\right) \quad (9.2)$$

式中:d 为距离;λ 为波长。

需要注意的是,弗里斯方程只有在 $d \gg \lambda$ 的条件下才有效。

RSS 测距的主要优点是实施简单,但可能会受到发射器不稳定、多径效应以及由于信号源和环境变化而导致衰落信道动态变化的影响。例如,几分贝的信号强度偏差在复杂环境中是很常见的(如室内环境),该强度偏差引起的测距误差高达 10%。

在室内行人导航中,Wi-Fi、蓝牙、射频识别(radio-frequency identification,RFID)都可以用作测距装置[25-27],这些都是基于 RSS 原理的测距方式。

9.5.1.3 到达角

AoA测距主要是测量信号到达接收器的角度[28]。为了实现该目标,需要安装定向天线或天线阵列。其中,阵列中不同接收器接收到信号之间的时间差或相位差用于估算接收信号与阵列之间的相对方向。需要注意的是,AoA测距技术不仅是一种测距技术,也是一种定位技术。这是因为相对距离与测角结果结合能够直接得到位置信息。为了测量三维空间距离,前面提到的三边测量法至少需要4对测距传感器,而原理上AoA测距只需要一对就可以满足定位要求。但是,由于多径效应和遮蔽效应可能会影响角度测量精度,从而产生较大的定位误差。

标准AoA测距传感器需要一个较大的接收器阵列来实现高测量精度,这就导致系统的尺寸较大。因此,该测距方式无法应用于行人惯性导航系统中[29]。

9.5.2 超声波测距

超声波测距是利用超声波作为信号传播完成距离测量。大多数超声波测距采用ToA测距方式。超声波测距的配置方式主要有两种:收发器配置和发射器-接收器配置。

对于收发器配置方式中,发射器和接收器被安装在同一个位置,或者用收发一体传感器代替完成测距工作。首先,发射器产生一系列声音脉冲,通常称为"pings",该声音脉冲被待测物体反射,然后被接收器检测该脉冲反射(回声)。通过对发送和接收脉冲之间的时间差和已知声速,能够计算出系统与被测物体之间的距离。在这种配置中,系统在结构上更加紧凑,且不需要时间同步。需要注意的是,两个连续脉冲之间的时间差是可调的。时间差越长,测量范围越大。相反,时间差越短,采样频率越高。然而,该声音脉冲可能会被物体散射,导致测量精度变差。图9.3所示为声波散射示意图。超声波由发射器产生(实线)并被物体反射。由于声波到达B点时间要早于A点,因此,B点反射波(绿色虚线)要比A点反射波(蓝色虚线)更快地返回到系统中。又由于物体是连续的,反射波的持续时间可能要比其产生时的持续时间长得多,这就造成了ToA测量误差。

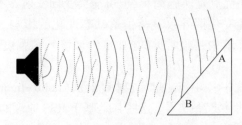

图9.3 声波散射对测量准确性的影响(见彩插)

在发射器-接收器配置方式中,发射器和接收器是分开的。由于该配置方式消除了散射效应,可以获得更精确的点对点测量。但是,这种配置方式必须使发射器与接收器的时钟同步。

超声波测距的缺点是测距结果不是永远可得的,该现象如图 9.4 所示。几乎所有的超声波发射器都是定向的,产生的超声波都集中在一个由发射器属性确定的角锥体内。如果接收器,或待测量物体,不在锥形区域内(图 9.4(a)),则没有信号被收到。大多数情况下,接收器也有固定的敏感方向。如果到达接收器的超声波与其固定敏感方向偏离较远(图 9.4(b)),则仍然无法接收到超声波信号。

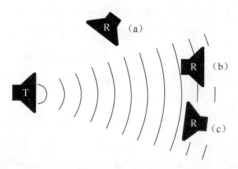

图 9.4　接收器固定敏感方向对测量的影响。仅在(c)情况下,接收器才会收到信号
T—发射器,R—接收器。

9.5.2.1　双脚间测距

在行人惯性导航中,超声波测距可以作为自主独立技术,通过测量双脚之间距离来辅助行人惯性导航。因此,也被称为双脚间测距。原则上,用于双脚间测距的试验装置与图 9.1 所示装置相似,只是将相机与特征识别图片调整为发射器和接收器。

在这种辅助技术中,收发器配置和发射器-接收器配置都可以实现。在双脚间测距中,发射器和接收器的时钟同步可以通过将两个传感器接到同一个控制器来实现。因为这两个传感器安装在两脚上,所以相对距离不会太远,这种时钟同步是容易实现的。在这种情况下,发射器-接收器配置方式比收发器配置更有优势,这样可以避免散射现象,测量精度更高。但是,由于两只脚之间的相对运动较大,一只脚的接收器不能总是保持在另一只脚发射器的信号接收锥体区域内。在多数双脚测距应用中,距离测量量是不连续的。

双脚间测距与 ZUPT 组合方式已经在试验中得到证明[30]。在该示例中,一个 IMU 和两个测距传感器被安装在每只脚上,达到行人导航目的。试验中采用的是霍尼韦尔公司的 HG1930 型 MEMS IMU,并通过两对测距传感器来减轻相对距离测量值不连续的现象。试验证明双脚测距的优势主要是能够减小方位角的估算误差,从而将导航误差减至 1/10。

9.5.2.2 定向测距

定向测距是一种基于超声波测距传感器的辅助技术。超声波测距技术主要应用在 ToA 测距中。文献[31]已经证实,定向测距可以作为行人惯性导航有效的 AoA 测距辅助技术。

在行人惯性导航中,由于测距传感器的指向性,双脚间测距信息无法在整个导航过程中一直可得。定向测距是利用方向性信息来估算相对方位的,这样可以避免测距传感器指向性的限制,进而提高整体导航精度。在定向测距中,测距信息中不仅包含距离信息,这是由于测距过程中发射器和接收器一定是对准的,也可以得到两只脚之间的相对方位角。定向测距得到的角度测量值,是 ZUPT 辅助导航算法的理想校正量。这是因为该测量值可以提高系统对方位角的可观测性,而方位角是 ZUPT 辅助导航算法中的主要误差源。

根据相关文献中描述的试验装置(图 9.5)中,发射器-接收器装置通过将发射器和接收器分别安装在两只脚上来实现。如果发射器和接收器没对准,则测距系统的输出值为零。图 9.5(a)中装置的主要优点是能够测量发射器和接收器之间的距离及两只脚之间的相对方位角。当发射器和接收器对准时(图 9.5(b)),测距系统可以测量距离信息。完全对准需要满足以下两个条件:①两只脚沿超声波的传输方向对齐(反例见图 9.5(c));②两只脚的方位角相同(反例见图 9.5(d))。上述两个条件可以在数学上表示为以下形式:

$$\arctan \frac{N_l - N_r}{E_l - E_r} - \text{Yaw}_r = \pm 75° \quad (9.3)$$

$$\text{Yaw}_r - \text{Yaw}_l = 0 \quad (9.4)$$

式中:Yaw、N、E 分别为方位角、沿北向、东向的位置;下标 l 和 r 分别为左脚和右脚。

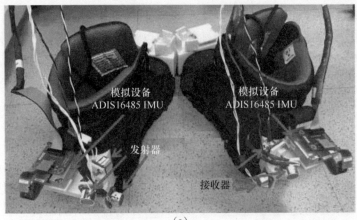

(a)

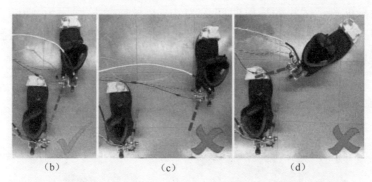

图 9.5　(a)试验装置示意图;(b)发射器和接收器对齐后的数据采集;
(c)与(d)发射器和接收器未对齐后的数据采集。图(b)~(d)中虚线
表示超声波传输方向(资料来源:Wang 等[31],见彩插)

为了验证定向测距效果,在室内和室外都开展了测试性试验。两种测试环境下都采用了独立自主导航方式。室内测试的总导航时间约为 3min。采用不同导航算法的定位结果如图 9.6 所示。虚线表示平面图真实轨迹,蓝色和绿色实线分别表示左脚和右脚的轨迹估计结果。在没有补偿算法辅助的情况下,定位结果漂移速度很快。ZUPT 辅助导航可以有效地减小导航误差,但是方位角误差没有被补偿,如图 9.6(b)所示。双脚测距能够将两只脚的位置估算轨迹拟合在一起,也可以补偿部分方位角误差,如图 9.6(c)所示。而定向测距可以进一步估算并补偿整个导航误差,与双脚测距辅助惯性行人定位技术相比,整体导航误差减小近一半,如图 9.6(d)所示。

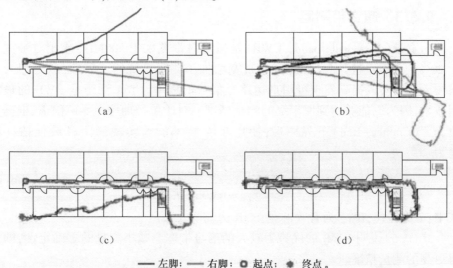

图 9.6　室内不同辅助技术下的导航结果比较(资料来源:Wang 等[31],见彩插)
(a)纯惯性导航;(b)ZUPT 辅助;(c)ZUPT+测距技术;(d)ZUPT+定向测距技术。

室外导航测试试验的导航时间约为 6min，导航总长度约为 420m。不同测距技术得到的位置估计轨迹如图 9.7 所示。相比双脚测距辅助，定向测距技术可使位置误差从 25m 减小到 10m。

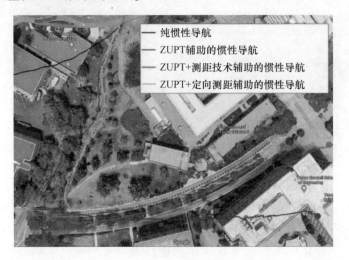

图 9.7　室外不同辅助技术下的独立自主导航结果比较。虚线表示真实轨迹，原点表示估计结果的结束点，总导航长度约为 420m（资料来源：Wang 等[31]，见彩插）

图示定向测距试验装置的配置方式与双脚测距配置方式完全相同。与双脚测距装置相比，不仅不需要增加硬件结构的复杂性，而且导航精度纯粹依靠算法来提高。

9.5.3　超宽带测距

超宽带（ultra-wide band，UWB）是指绝对带宽大于 500MHz 或相对带宽大于 20% 的无线系统[32]。如此宽的带宽增加了测距系统的可靠性，这是因为不同频率分量可以提高发现可用直达路径信号的概率。ToA 测距是 UWB 的最常用技术，因为它能够达到厘米级的测量精度。对于单径加性白噪声信道，根据克拉美罗（Cramer-Rao）下界原理，使用 ToA 技术能够实现的距离最佳估计精度为[33]

$$\sigma_{\hat{d}} = \frac{c}{2\sqrt{2}\pi \mathrm{BW}_e \sqrt{\mathrm{SNR}}} \tag{9.5}$$

式中：c 为光速；BW_e 为有效带宽；SNR 为信噪比。

式（9.5）说明 UWB 的优势为较大的信号带宽会减小测量的不确定性，即获得更高的测量精度。

与超声波测距技术类似，UWB 测距可作为行人惯性导航的独立辅助技术。与超声波测距相比，UWB 的测量范围相对较大，UWB 测距不仅可用于双脚间测距,还可用于人与人之间的测距。这种测距方式也被应用在协同定位中。如果将多个用户形成的网络视为一个系统整体,则协同定位可以被视为一种独立自主定位方式,这是因为网络中没有预装"锚"(或信标)[34]。

在视距(line of sight,LOS)和单路径环境下,用 UWB 测距进行位置估计简单易实现。然而,在大多数现实应用环境中,如室内环境,直线视距传播可能会被小隔间、门、走廊等环境因素阻挡,进而引起测量误差。例如,多径效应会使发射器信号沿不同路径传播后再相互叠加,从而引起测距误差。非视距(non-light-of-sight,NLOS)传播会引起信号反射现象。因此,信号在被接收之前会多传播一段距离,相应的正偏差被称为 NLOS 误差。关于 UWB 测距的更多细节可参考文献[35]。

文献中已经列举了 UWB 测距在协同定位中起到的作用。例如,文献[36]指出,ZUPT 辅助行人惯性导航与 UWB 协同测距技术相结合,导航均方根误差(root mean square error,RMSE)与协同定位节点数量(人数)的平方根有关。文献[37]中指出,一个3人小组中,利用 UWB 进行协同定位可以使消费级 IMU 的定位误差减小至70%。

9.6 总　　结

由于惯性导航的局限性,部分导航状态量(位置、速度和姿态)只依靠 IMU 无法观测,所以需要采用许多辅助方式来提高导航系统的可观测性。本章只介绍了部分常用技术,如磁力计、高度计、计算机视觉、多 IMU 和测距技术,这些技术可以在一个独立硬件结构中实现。

上述所有技术都有其独特的应用场景,将它们适当地结合起来,可以最大限度地提高整个系统的导航精度、稳定性和自主性。上述组合方式下的实用性系统还没有实现,我们将在第10章进一步阐述对行人惯性导航未来发展的观点与看法。

参 考 文 献

[1] Kam, M., Zhu, X., and Kalata, P. (1997). Sensor fusion for mobile robot navigation. *Proceedings of the IEEE* 85 (1): 108-119.

[2] Merrill, R. T. and McElhinny, M. W. (1983). *The Earth's Magnetic Field: Its History, Origin and Planetary Perspective*, 2nd printing ed. San Francisco, CA: Academic press.

[3] Psiaki, M. L., Huang, L., and Fox, S. M. (1993). Ground tests of magnetometer-based autonomous navigation (MAGNAV) for low-earth-orbiting spacecraft. *Journal of Guidance, Control, and Dynamics* 16 (1): 206-214.

[4] Shorshi, G. and Bar-Itzhack, I. Y. (1995). Satellite autonomous navigation based on magnetic field

measurements. *Journal of Guidance, Control, and Dynamics* 18 (4): 843-850.

[5] Goldenberg, F. (2006). Geomagnetic navigation beyond the magnetic compass. *2006 IEEE/ION Position, Location, and Navigation Symposium*, Coronado, CA, USA (25-27 April 2006).

[6] Hellmers, H., Norrdine, A., Blankenbach, J., and Eichhorn, A. (2013). An IMU/magnetometer-based indoor positioning system using Kalman filtering. *International Conference on Indoor Positioning and Indoor Navigation (IPIN)*, Montbeliard-Belfort, France (28-31 October 2013).

[7] Wu, J. (2019). Real-time magnetometer disturbance estimation via online nonlinear programming. *IEEE Sensors Journal* 19 (12): 4405-4411.

[8] Romanovas, K., Goridko, V., Klingbeil, L. et al. (2013). Pedestrian indoor localization using foot mounted inertial sensors in combination with a magnetometer, a barometer and RFID. In: *Progress in Location-Based Services*, 151-172. Berlin, Heidelberg: Springer-Verlag.

[9] TDK InvenSense (2019). ICP-10100 Barometric Pressure Sensor Datasheet. https://invensense.tdk.com/wp-content/uploads/2018/01/DS-000186-ICP-101xx-v1.2.pdf.

[10] Jao, C.-S., Wang, Y., Askari, S., and Shkel, A. M. (2020). A closed-form analytical estimation of vertical displacement error in pedestrian navigation. *IEEE/ION Position, Location and Navigation Symposium (PLANS)*, Portland, OR, USA (20-23 April 2020).

[11] Parviainen, J., Kantola, J., and Collin, J. (2008). Differential Barometry in personal navigation. *IEEE/ION Position, Location and Navigation Symposium (PLANS)*, Monterey, CA, USA (5-8 May 2008).

[12] Jao, C.-S., Wang, Y., and Shkel, A. M. (2020). A hybrid barometric/ultrasonic altimeter for aiding ZUPT-based inertial pedestrian navigation systems. *ION GNSS+ 2020*, 21-25 September 2020.

[13] Jao, C.-S., Wang, Y., and Shkel, A. M. (2020). A zero velocity detector for foot-mounted inertial navigation systems aided by downward-facing range sensor. *IEEE Sensors Conference 2020*, 25-28 October 2020.

[14] Kourogi, M. and Kurata, T. (2003). Personal positioning based on walking locomotion analysis with self-contained sensors and a wearable camera. *IEEE/ACM International Symposium on Mixed and Augmented Reality*, Tokyo, Japan (7-10 October 2003).

[15] Bonin-Font, F., Ortiz, A., and Oliver, G. (2008). Visual navigation for mobile robots: a survey. *Journal of Intelligent and Robotic Systems* 53 (3): 263-296.

[16] Thrun, S. (2007). Simultaneous localization and mapping. In: (ed. Bruno Siciliano, Oussama Khatib, Frans Groen) *Robotics and Cognitive Approaches to Spatial Mapping*, 13-41. Berlin, Heidelberg: Springer-Verlag.

[17] Amzajerdian, F., Pierrottet, D., Petway, L. et al. (2011). Lidar systems for precision navigation and safe landing on planetary bodies. *International Symposium on Photoelectronic Detection and Imaging 2011: Laser Sensing and Imaging; and Biological and Medical Applications of Photonics Sensing and Imaging*, Volume 8192, International Society for Optics and Photonics, p. 819202.

[18] Jao, C.-S., Wang, Y., and Shkel, A. M. (2020). Pedestrian inertial navigation system augmented by vision-based foot-to-foot relative position measurements. *IEEE/ION Position, Location and Navigation Symposium (PLANS)*, Portland, OR, USA (20-23 April 2020).

[19] Askari, S., Jao, C.-S., Wang, Y., and Shkel, A. M. (2019). Learning-based calibration decision system for bio-inertial motion application. *IEEE Sensors Conference*, Montreal, Canada (27-30 October 2019).

[20] Ahmadi, A., Destelle, F., Unzueta, L. et al. (2016). 3D human gait reconstruction and monitoring

using body-worn inertial sensors and kinematic modeling. *IEEE Sensors Journal* 16 (24): 8823-8831.

[21] Skog, I., Nilsson, J. O., Zachariah, D., and Handel, P. (2012). Fusing the information from two navigation systems using an upper bound on their maximum spatial separation. *IEEE International Conference on Indoor Positioning and Indoor Navigation (IPIN)*, Sydney, Australia (13-15 November 2012).

[22] Ahmed, D. B. and Metzger, K. (2018). Wearable-based pedestrian inertial navigation with constraints based on biomechanical models. *IEEE/ION Position, Location and Navigation Symposium (PLANS)*, Monterey, CA, USA (23-26 April 2018).

[23] Farahani, S. (2011). *ZigBee Wireless Networks and Transceivers*. Newnes.

[24] Frattasi, S. and Della Rosa, F. (2017). *Mobile Positioning and Tracking: From Conventional to Cooperative Techniques*. Wiley.

[25] Cheng, J., Yang, L., Li, Y., and Zhang, W. (2014). Seamless outdoor/indoor navigation with WIFI/GPS aided low cost Inertial Navigation System. *Physical Communication* 13: 31-43.

[26] Nguyen, K. and Luo, Z. (2013). Evaluation of bluetooth properties for indoor localisation. In: *Progress in Location-Based Services*, 127-149. Berlin, Heidelberg: Springer-Verlag.

[27] Ruiz, A. D. J., Granja, F. S., Honorato, J. C. P., and Rosas, J. I. G. (2012). Accurate pedestrian indoor navigation by tightly coupling foot-mounted IMU and RFID measurements. *IEEE Transactions on Instrumentation and Measurement* 61 (1): 178-189.

[28] Dotlic, I., Connell, A., Ma, H. et al. (2017). Angle of arrival estimation using decawave DW1000 integrated circuits. *IEEE Workshop on Positioning, Navigation and Communications (WPNC)*, Bremen, Germany (25-26 October 2017).

[29] Wielandt, S. and De Strycker, L. (2017). Indoor multipath assisted angle of arrival localization. *Sensors* 17 (11): 2522.

[30] Laverne, M., George, M., Lord, D. et al. (2011). Experimental validation of foot to foot range measurements in pedestrian tracking. *ION GNSS Conference*, Portland, OR, USA (19-23 September 2011).

[31] Wang, Y., Askari, S., Jao, C. S., and Shkel, A. M. (2019). Directional ranging for enhanced performance of aided pedestrian inertial navigation. *IEEE International Symposium on Inertial Sensors & Systems*, Naples, FL, USA (1-5 April 2019).

[32] FCC, Office of Engineering and Technology (2002). *Revision of Part 15 of the Commission's Rules Regarding Ultra-Wideband Transmission Systems*. ET Docket, no. 98-153.

[33] Gezici, S., Tian, Z., Giannakis, G. B. et al. (2005). Localization via ultra-wideband radios: a look at positioning aspects for future sensor networks. *IEEE Signal Processing Magazine* 22 (4): 70-84.

[34] Wymeersch, H., Lien, J., and Win, M. Z. (2009). Cooperative localization in wireless networks. *Proceedings of the IEEE* 97 (2): 427-450.

[35] Oppermann, I., Hamalainen, M., and Iinatti, J. (2005). *UWB: Theory and Applications*. Wiley.

[36] Nilsson, J. O., Zachariah, D., Skog, I., and Handel, P. (2013). Cooperative localization by dual foot-mounted inertial sensors and inter-agent ranging. *EURASIP Journal on Advances in Signal Processing* (1): 164.

[37] Olsson, F., Rantakokko, J., and Nygards, J. (2014). Cooperative localization using a foot-mounted inertial navigation system and ultrawideband ranging. *IEEE International Conference on Indoor Positioning and Indoor Navigation (IPIN)*, Busan, Korea (27-30 October 2014).

第 10 章

行人惯性导航系统展望

行人惯性导航在众多领域都有很高的关注度,如人类健康检测、个人室内导航和急救人员定位系统。本章重点从硬件和软件两方面展望行人导航未来发展趋势。

10.1 硬件开发

行人惯性导航的硬件开发主要是为了解决在尺寸和重量合理的前提下,融合不同模式传感器的问题,从而使整个系统变得紧凑、坚固和精确。

由于行人行走的环境可能很复杂,外部参考信号并不总是可用的。因此,独立自主的导航方式是最佳选择,这样可以保证系统在不同环境下工作的功能适用性和稳定性。可用的辅助技术包括 ZUPT 辅助行人导航算法、双脚测距技术等,这些内容在前面章节中已经讨论过。

另外,虽然辅助技术的引入可以减小部分导航误差,但是由于导航自主的性质,误差只能随着导航时间的增长被限制在一定范围内。因此,任何可以提高导航精度的环境有关信息都可以被采用。机会信号(signal of opportunity,SoP)是一种新兴的辅助导航方式[1]。总的来说,SoP 是指任何可以应用于导航、但不常应用于导航的信号。例如,室外环境蜂窝信号(码分多址技术(code division multiple access,CDMA)和长期演进技术(long term evoluition,LTE))、室内环境 Wi-Fi 信号等,由于其普遍性都可作为 SoP 辅助导航。

此外,对于一个具有通信和补偿能力的移动节点团队而言,协同定位是一种可取的导航方式。联合两个节点之间相对距离的测量结果可以有效提高定位精度。

未来的行人惯性导航系统,或者说终极导航芯片(ultimate navigation chip,uNavChip),应该同时具备确定性、概率性和协同定位等能力。图 10.1 所示为 uNavChip 的概念示意图。该系统的核心能力是精确定位,主要包括微机电系统(micro-electro-mechanical system,MEMS)惯性测量单元(inertial measurement unit,IMU)和用于惯性导航与计时的时钟,以及用来测量双脚间距离的电容式微机械超声波传感器(capacitive micro-machined ultrasonic transducer, CMUT)、测量高度的高度计、获得计算机视觉的摄像头、测量相对方向的磁传感器。设想定位芯片单元被集成在鞋底,以便有效地补偿漂移误差量。IMU用来计算绝对方位和位置,再将该结果与其他传感器辅助信息结合,通过零速校正方法对位置信息进行重新校准。最终的设想是将 IMU 与其他辅助技术平行共同制作在单个硅基底的两面,然后折叠成一个立方体,再用专门设计的微锁机制锁定[2]。在确定性定位的基础上,概率定位方法旨在利用机会信号云,这些种类丰富的信号主要在 GPS 失效环境中使用,把蜂窝发射器变成自己的"专用伪卫星"[3]。另一个重要方面是检测和解决 SoP 信号的欺骗干扰问题,即提供 SoP 认证。这就需要有专门的算法来确定哪些 SoP 信号是可以被信任并用于提高导航精度的。如果网络中存在多个具有通信和计算能力的移动节点(如行人),则可以利用每个移动节点之间的相对距离测量结果来实现协同定位,以提高其定位精度。因此,需要建立一个基于合成孔径导航的综合协同定位框架,以与蜂窝信号超紧耦合的方式协助惯性导航系统。

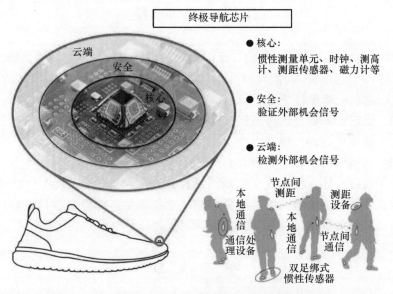

图 10.1　行人惯性导航系统展望:uNavChip[2-3]

上述提及的大多数技术已经存在,并且在现阶段也有可能实现。如果简单地采用现成组件,将它们集成到一个系统中,那么上述所有功能都可以通过一个西瓜大小的系统来实现。但是,采用那么大体积的系统在野外导航是不现实的。因此,急需微型化技术来减小系统的尺寸。目前,利用部分现有技术,可以将系统尺寸缩小到苹果大小。进一步设想,当超高密度、异质集成和 MEMS 集成技术同时实现时,uNavChip 尺寸可以减小到苹果种子大小。这种高密度集成将最大限度地满足自主性、安全性和精确性。

10.2 软件开发

行人惯性导航软件开发的主要目的是探索能够充分利用各传感器数据的算法,且不需要过多的计算量,以进一步提高导航的准确定和适应性。

例如,除了将 IMU 数据整合到位置估算中,还有许多技术需要利用 IMU 数据。如站立姿态检测、地面类型检测、步态频率提取都是利用 IMU 数据的其他算法,这些内容在前面章节中已经讨论。其他类型传感器采集的数据也可以用于上述类似计算方式中。机器学习也许是能够充分利用所有传感器数据的一个良好选择。例如,只要有 GPS 信号和 LTE 信号,它们不仅可以用于定位,该位置信息还可以与已知地图进行比较,来确定地面类型。这样,这些信息就可以用来训练系统,即使在没有 GPS 信号的情况下,地面类型检测也会更加准确。

10.3 总　　结

总之,由于行人惯性导航的广泛应用及各相关支持技术的快速发展,行人导航技术已经引起众多学者与研究人员的关注。为了使行人惯性导航的精度更高、适应性更强、稳健性更好,可以采取以下几种方式。

(1) 通过引入额外的传感器,进行传感器融合;
(2) 通过更好的传感器设计,提高系统中各传感器的性能;
(3) 通过机器学习等算法,充分利用所有传感器的数据。

为了通过上述 3 种方式实现最终目标,有必要进一步发展 MEMS 技术,使各类传感器具备更优越的性能和更小的尺寸与重量。此外,还可以通过开发创新性算法来处理数据,进一步提高导航精度。

参 考 文 献

[1] Morales, J., Roysdon, P., and Kassas, Z. (2016). Signals of opportunity aided inertial navigation. *ION GNSS Conference*, Portland, Oregon (12-16 September 2016).

[2] Shkel, A. M., Kassas, Z., and Kia, S. (2019). uNavChip: Chip-Scale Personal Navigation System Integrating Deterministic Localization and Probabilistic Signals of Opportunity. Public Safety Innovation Accelerator Program, US Department of Commerce, National Institute of Standards and Technology (NIST), 70NANB17H192.

[3] Nilsson, J.-O., Zachariah, D., Skog, I., and Handel, P. (2013). Cooperative localization by dual foot-mounted inertial sensors and inter-agent ranging. *EURASIP Journal on Advances in Signal Processing* (1): 164.

[4] Efimovskaya, A., Lin, Y.-W., and Shkel, A. M. (2017). Origami-like 3-D folded MEMS approach for miniature inertial measurement unit. *IEEE/ASME Journal of Microelectromechanical Systems* 26（5）：1030-1039.

[5] Shamaei, K., Khalife, J., and Kassas, Z. M. (2018). Exploiting LTE signals for navigation：theory to implementation. *IEEE Transactions on Wireless Communications* 17（4）：2173-2189.

内 容 简 介

本书重点阐述自约束行人导航技术，包括10章：第1章介绍了导航基础知识、主要导航技术和导航辅助技术；第2章论述了惯性传感器的硬件组成和工作原理；第3章介绍了捷联式惯性导航的机械编排；第4章分析了传感器测量误差与导航误差之间的关系；第5章讨论了行人惯性导航自约束技术的重要组成部分——零速校正；第6章详细分析了惯性传感器噪声对导航误差的影响；第7章重点讨论了零速校正的改进方式；第8章主要讨论自适应零速校正辅助的行人惯性导航方法，旨在保证导航算法在不同应用场景中的适用性；第9章介绍了可用于行人惯性导航的多传感器信息融合方法；第10章从硬件和软件两方面预测了行人导航未来发展趋势，最后展望了导航芯片技术。

本书可供从事行人惯性导航相关研究工作的科研和工程技术人员参考，也可作为高校相关专业教师、研究生的参考用书。

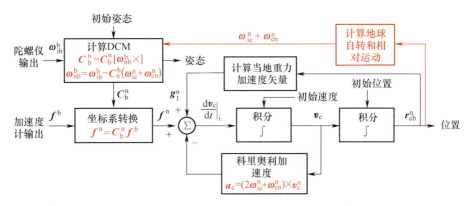

图 3.2 沿 n 坐标系的捷联式惯性导航系统机械编排框图

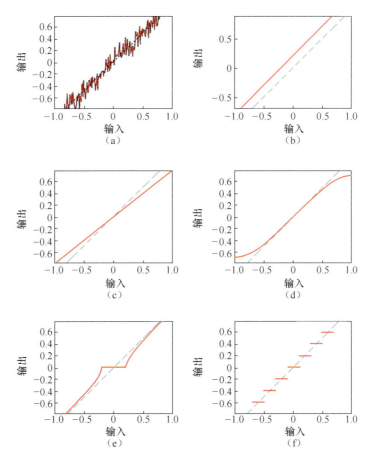

图 4.1 惯性传感器输出的常见误差类型
(a)噪声;(b)零偏;(c)比例因子误差;(d)非线性度;(e)死区;(f)量化。

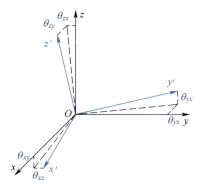

图 4.3 IMU 安装偏差示意

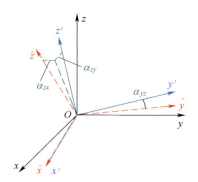

图 4.4 IMU 两个安装偏差要素说明:非正交性误差和失准错位偏差

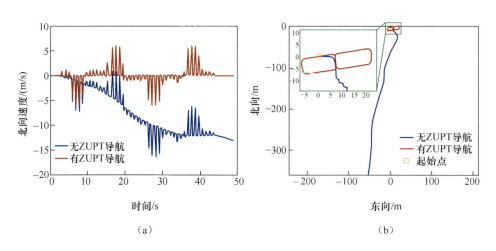

图 5.2 有无 ZUPT 辅助导航下的北向速度估计与轨迹估计结果
(资料来源:OpenShoe 数据[4])
(a)北向速度;(b)轨迹。

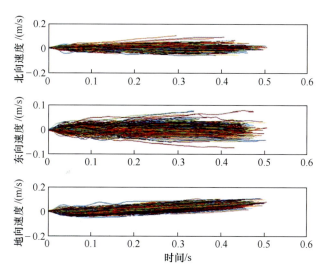

图 5.4　600 个站立阶段内,沿 3 个正交方向的速度传播曲线

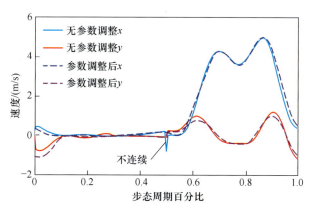

图 6.3　速度参数变化前后曲线:近似匹配且剔除突变

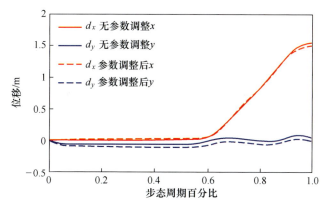

图 6.4　参数调整前后位置变化曲线。参数调整前后,沿 x 方向(水平方向)位移曲线重合度很高,沿 y 方向(垂直方向)的位移差异是为了保证步态周期之间的位移连续性

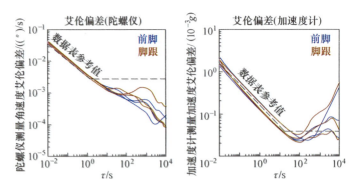

图 7.2 本书所用 IMU 噪声特性

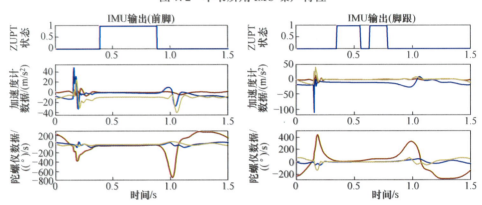

图 7.3 比较安装在前脚掌和脚跟的 IMU 的平均数据和 ZUPT 状态。
定义 ZUPT 数值为 1 是处于站立阶段

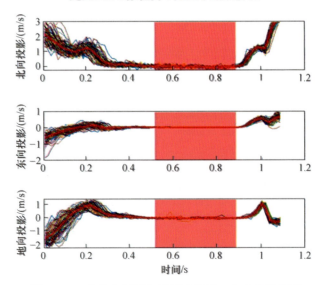

图 7.7 一个步态周期内足部速度沿 3 个方向的投影
（粗实线表示沿 3 个方向的速度均值）

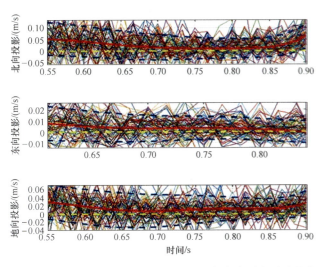

图 7.8 站立阶段足部速度放大曲线(黄色虚线对应零速状态，蓝色虚线为 1σ 下的速度分布)

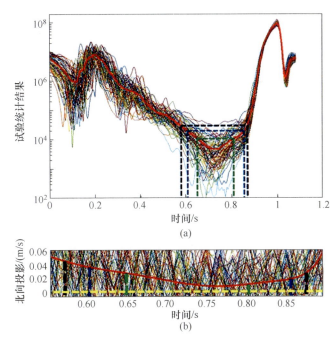

图 7.9 (a)记录 70 个相同步态的统计结果,粗实线为均值;(b)站立阶段沿运动轨迹方向的足部速度残差。绿色、蓝色、黑色虚线对应的阈值分别为 1×10^4、2×10^4、3×10^4

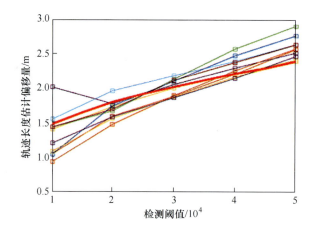

图 7.10 轨迹长度估计偏移量与 ZUPT 检测阈值之间的关系
（粗实线是前面分析结果，细实线为 10 次不同测试结果）

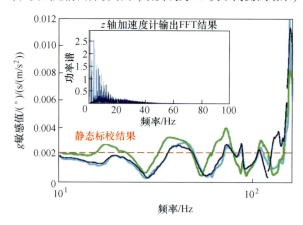

图 7.13 陀螺仪 g 敏感值与三次独立测量得到的振动频率之间的关系
（虚线为静态标校过程中陀螺仪 g 敏感测量值，插图为 2min 行
走过程中 z 轴加速度计输出的 FFT 结果）

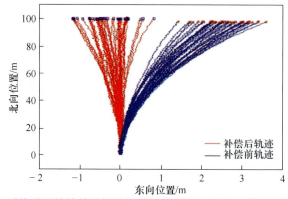

图 7.14 系统误差补偿前后轨迹解算结果对比（x 轴和 y 轴比例因子不同）

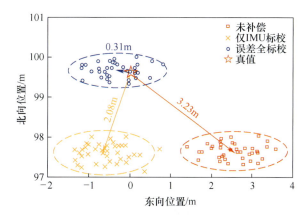

图 7.15 系统误差补偿前后解算终点对比(虚线表示 3σ 边界)

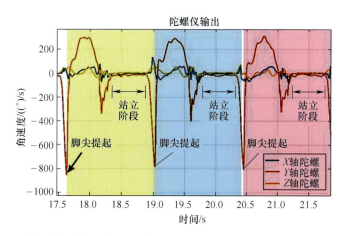

图 8.2 IMU 数据分区实例(每个区域(图中不同颜色表示)都开始于足部脚趾离地)

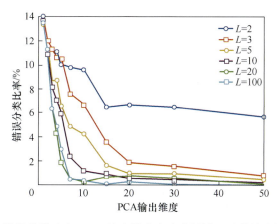

图 8.4 错误分类比率、PCA 输出维度和隐藏层神经元数量之间的关系

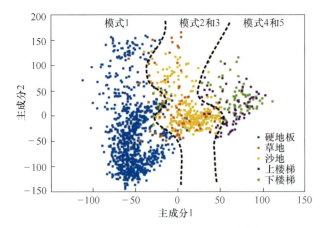

图 8.6 有效数据的前两个主成分分布

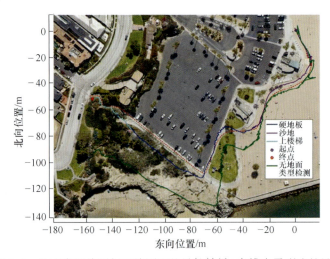

图 8.8 地面类型检测与不检测下的导航结果(虚线表示真实轨迹)

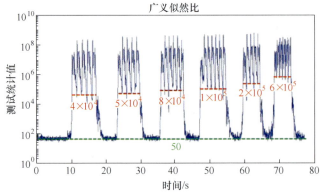

图 8.9 实线表示不同步速下行走和跑步时的测试统计值(红色虚线表示不同步态下站立阶段测量统计结果,绿色虚线表示静止时的测量统计结果)

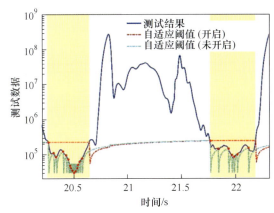

图 8.11 红色和蓝色虚线分别表示开启与未开启自适应阈值(圆点表示未开启阈值自适应检测到的站立阶段,黄色方框表示开启阈值自适应检测到的站立阶段)

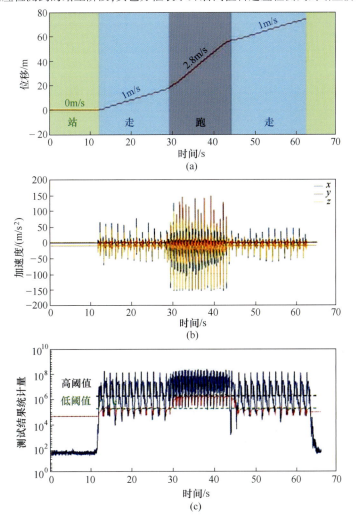

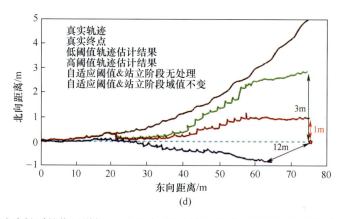

图 8.12 试验得到的位置增长、IMU 比力、测试结果统计量和自适应阈值,以及轨迹估计值比较(注意图(d)中 x 轴和 y 轴的比力是不同的)
(a)位置增长;(b)IMU 比力;(c)测试结果统计量和自适应阈值;(d)轨迹估计值比较。

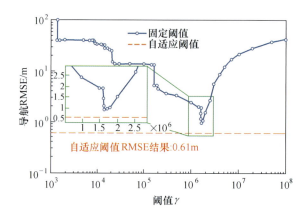

图 8.13 实线表示导航 RMSE 与固定阈值的关系
(虚线表示自适应阈值下的导航 RMSE)

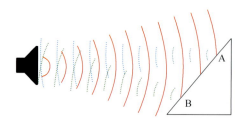

图 9.3 声波散射对测量准确性的影响

彩 10

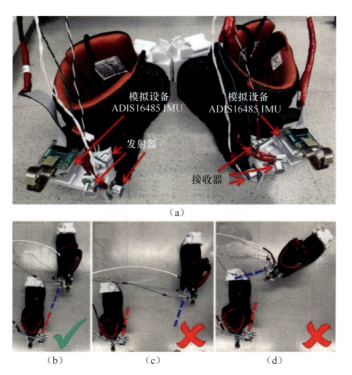

图 9.5 (a)试验装置示意图;(b)发射器和接收器对齐后的数据采集;
(c)与(d)发射器和接收器未对齐后的数据采集。图(b)~(d)中虚线
表示超声波传输方向(资料来源:Wang 等[31],见彩插)

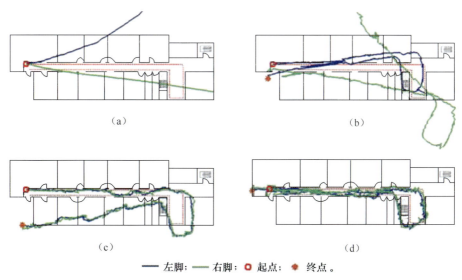

图 9.6 室内不同辅助技术下的导航结果比较(资料来源:Wang 等[31])
(a)纯惯性导航;(b)ZUPT 辅助;(c)ZUPT+测距技术;(d)ZUPT+定向测距技术。

图9.7 室外不同辅助技术下的独立自主导航结果比较。虚线表示真实轨迹，原点表示估计结果的结束点，总导航长度约为420m(资料来源:Wang 等[31])